フェリシモ猫部「道ばた猫日記」22のストーリー

しあわせになった猫 しあわせをくれた猫

佐竹茉莉子 著

辰巳出版

CONTENTS

1 実日子ちゃんのおとうと 4
2 サツキとメイ 10
3 「恋招き猫」と呼ばれた男 16
4 裏街のゴロ吉 22
5 森で生きぬいた猫 28
6 ニャジラの愛情 34
7 町に生きる 40
8 アタシたちの母さん 46
9 4匹の子猫 52
10 デイサービスの猫スタッフ 59
11 子猫を救え！ 66

12 花さんの初めての猫 72
13 崖を登ってきた猫 78
14 狂暴猫まさはる 84
15 猫のお見合い 90
16 アケビくん 98
17 クリスマスツリーの下で 104
18 黒猫リリコ 110
19 六番目の子 116
20 それぞれの出発 122
21 ミーコとの約束 128
22 林さんちの困ったちゃんたち 134

コラム❶「フェリシモ猫部」とは？ 64
コラム❷「フェリシモ猫部の基金活動」とは？ 96
猫フォトギャラリー わが村 65
猫フォトギャラリー わが町 97
光のなか（あとがきにかえて） 141

episode

1

実日子ちゃんのおとうと

ある朝のこと。保育園に行く支度をしている実日子《みかこ》ちゃんに、お母さんが言いました。

「今日、みかちゃんが保育園から帰ってきたら、子猫ちゃんが2匹待ってるからね」

えーーっ。昨日の夜まで猫のことなんて何にも聞いていないのに、もう実日子ちゃんはびっくりです。

「男の子？　女の子？」

「ふたりとも男の子だよ。楽しみにね」

保育園から勇んで実日子ちゃんが帰ってくると、お母さんの言った通りでした！

「か〜わ〜い〜い〜！」

「今日から、うちの子だよ。みかちゃん、やさしくお姉ちゃんしてあげてね」

「うん！」

神妙な顔つきで実日子ちゃんを見上げている

2匹の様子は、「お姉たん、よろちくお願いしまちゅ」と言っているみたいです。揃って鼻先がシミっぽいのが、なんだか笑えます。1匹は、白っぽくてやさしい顔をしていて、もう1匹は、黒っぽくてちょっと情けないような顔をしています。

実日子ちゃんの家には、実日子ちゃんが生まれる前から「おかゆ」という茶白の猫がいますし、去年までは「おはぎ」という大きな黒猫もいました。でも、こんなちびっちゃい猫は初めてです。

もうすぐ5歳になる実日子ちゃんはひとりっ子なので、いっぺんに尻尾のあるおとうとがふたりもできて、うれしくてたまりません。

抱きしめると、あったかくてふわっふわ。

子猫たちがやってくるなんて、実日子ちゃんのお母さんも今朝まで夢にも思っていなかったのです。その日の朝、実日子ちゃんがまだ寝ている時間に早朝マラソンをしていたお母さんに、友人から携帯メールが入りました。「夜明けからずっと外で子猫の鳴き声が聞こえて……たまりかねて2匹保護しちゃった。近所の人の話では、ビニール袋で捨てられてたみたい。どうしよう」

その友人は猫を飼える状況になく、切羽詰まっての相談でした。

「連れてきて。実日子を保育園に送った後、獣医さんでひとまず診てもらおう」

「ありがとう！　でも、そのあと、どうしよう……」

「うちでもらうよ」

実日子ちゃんのお母さんが家に戻ってそう返信するまで、ほんの15分。何という決断の速さ！

お母さんは言います。

「真っ先に思ったのは、困ってる友人を助けなきゃ、ということ。それから、捨て猫を拾って拾って今も6匹面倒を見ている実家の母に比べたら、うちなんて今1匹だから、余裕あり。それに猫がいる生活の愉しさはよーくわかってるし、実日子が子猫たちと一緒に育っていくのはいいことだ、と。夫も『反対しないよ』と言ってくれたので、エイッと決めました。こういうのは、足元に空から降ってきたようなもの。拾うしかない(笑)」

　飼えない理由より、飼える理由をパパッと見つけたお母さん。なんてすがすがしいプラス思考でしょう。

お母さんから「ふたりの名前考えて」と言われた実日子ちゃんは一生懸命に頭をひねり、白っぽいほうを「ミルク」、黒っぽいほうを「ココア」と名づけました。ココアのほうがちょっとだけ大きくやんちゃ顔なのに、取っ組み合いごっこはミルクに負けてます。

　拾われたときは、目は目ヤニだらけでしょぼかった2匹。チュッチュッと吸うことしか知らず、キャットフードに顔面を突っ込んで鼻を詰まらせていたものですが、食べかたも上手になるにつれ、みるみるふっくらしてきました。

　2匹してチョロチョロしまくって、実日子ちゃんのスカートの中にもぐりこんだり、足の指や絵本を思いっきり噛んだり、絵本棚の後ろに探検に出かけたり。あーあ、転がってたアンパンマンのお面をトイレにしちゃったのは、いったいどっち?

そうやってさんざん遊びまわっていたかと思うと、ゼンマイが切れたみたいに、コトッと寝てしまうのです。

先輩猫のおかゆも、やれやれといった顔で2匹を見守っています。赤ちゃんのときは、黒猫おはぎに子守りをしてもらった実日子ちゃんでしたが、今は、やんちゃ盛りのおとうとたちの面倒をせっせと見る、いいお姉ちゃん。おばあちゃんからお母さんへ、お母さんから実日子ちゃんへ。「小さないのちを慈しむ気持ち」は受け継がれていきます。

はけたよ はけたよ

episode 2

サツキとメイ

やさしいやさしいお母さんの膝の上で、ふっくら穏やかな表情の姉妹猫。元ノラの面影はもうありません。生後7か月ですが、すでに「幸せ太り」の兆しです。

2匹は生後2か月くらいの時、ある町のドラッグストアの駐車場に、兄妹5匹で捨てられました。もらわれていった兄妹もいて、最後に残った姉妹はストアの名前から「マツ」と「キヨ」と呼ばれていました。荷下ろし場のあたりをうろちょろし、ストア黙認でお客からご飯をもらい、生きのびていたのです。

鼻の周りが茶色っぽいのがマツ、白っぽいのがキヨです。人間には近寄らない用心深いノラでしたが、よりビビりのマツをかばう形で、いつもキヨが前面に出てきました。ニンゲンに甘えたいけど、やっぱり怖い。そんな必死な目をしていました。

そのうち、ある客から「食品を扱っているのに、荷下ろし場に猫がいるのは不衛生だ」とのクレームがストアに入りました。何かあっては大変と、地域で保護活動をしている人たちの手で姉妹は保護されました。マツはもらい手が見つかり、キヨは先住保護猫が2匹いるお宅に一時預かりの身に。

雨の日風の日、いつも2匹で身を寄せ合っていたので、離れ離れになると寂しそうなキヨ。運命に身を任せたような目です。

ほどなく、もらわれていったマツが先方の都合から戻されてきました。再び巡りあえたマツとキヨ。うれしくてはしゃぎまわる2匹ですが、預かり先の先住猫月ちゃんはストレスから吐くようになってしまいました。

「どうしよう。うちもどこも、保護猫たちで満杯。早く里親を見つけなきゃ」

保護したグループは焦りました。やっとまた一緒になれた仲良し姉妹ですが、とにかくそれぞれ里親を見つけるのが緊急です。「姉妹一緒に」が一番ですが、ハードルが高すぎて叶いそうもありません。

保護グループのひとりである女性は、行きつけの美容院でついつい呟きました。

「行き場のない保護猫姉妹がいるの。誰かもらってくれないかなあ……」

すると、担当のイケメン美容師さんの口から、思いがけない言葉が！

「うちでもらいます」

これまでは「うちは姉が猫アレルギーでね」と、猫の話にはスルーだった彼なのに。

「だけど、ぼくは仕事があって面倒を見るのは主に母だから、まず母に見せて決めますね」

お見合いの日。2匹と対面したお母さんは、驚きながらも微笑んで息子に言いました。

「やっぱり2匹連れてきたのね。あなたらしいわ」

お母さんは2匹のうち1匹もらうとだけ聞かされていたからです。イケメン美容師さんは、姉妹を引き離すにしのびず、2匹を見せればお母さんも1匹だけ選べない、と見抜いてのお見合い設定をしたのです。同じやさしいハートを

もった母と息子なのでした。

というわけで、姉妹は、若いイケメンパパからも、そのお父さんお母さんからも、愛情をたっぷりと注がれ、のびのび育っています。「マツ」と「キヨ」改め、「サツキ」と「メイ」となりました。『となりのトトロ』に登場する姉妹からとった名前です。

姉妹の恩人の美容師さんは、なぜ、猫を飼う気になったのでしょうか。お母さんがそのわけを教えてくれました。

「じつは私、娘も息子も自立した後、空の巣症候群になって心身の調子を崩してしまったの。息子はそんな私を元気にしようと、猫を2匹連れてきてくれたの」

大正解でした！　お母さんは子猫たちの世話で毎日がにぎやかで楽しくて、すっかり元気をとり戻しました。愛情深いお母さんには、愛情を注ぐ相手が必要だったのです。

「主人があんなに猫好きだったなんて」と、思わぬ発見も。無口だったお父さんとの会話も弾みます。

「2匹をこうして抱っこしていると、思い出します。子どもたちが小さかった頃、こうして安心しきって身をゆだねてくれた、あの温もりとおんなじだわ。姿が見当たらなくて名前を呼ぶと、『みゃあ（ここにいるよ、お母さん）』って返事をしてくれる。毎日毎日たまらなく愛しくて」

マツ・キヨ時代のストアのかたは、姉妹が家猫になったことを、それは喜んでくれました。元ノラ姉妹の物語には、家族や町の物語もそっと織り込まれていました。

サツキとメイ姉妹の最近のマイブームは、野鳥の観察だそうです。

episode 3

「恋招き猫」と呼ばれた男

ある雄猫のお話です。

彼は、フェリー発着場のある房総の浜金谷《はまかなや》の漁港生まれ。干した漁網をネズミが食いちぎらないためのネズミ番として、漁師さんに時折餌をもらって暮らしていた半ノラでした。

そこでの縄張り争いに負けたのか、新天地を求めたのか、フェリー発着場に隣接する大型みやげ物店「ザ・フィッシュ」の駐車場に流れついたときは、3～4歳くらいの男盛りでした。雌猫を追いかけてやってきたのだ、という説もあります。

おっとりした性格の彼は、魚売り場店長の名前をもらって「せいいち」と呼ばれ、従業員たちに可愛がられるようになりました。縄張りは広く、国道を渡って駅周辺まで出張っていくこともしばしば。怪我もしょっちゅうでしたが、あるとき、けんかをして帰ってきて後ろ足がひどく化膿してしまいました。そこで、駐車場周りで働く人たちがお金を出し合って、動物病院で手当てを受けさせ、ついでに去勢手術もさせました。

そのあと、駐車場を縄張りとして、のんびり自由猫をやっていたせいいちくんでしたが……。人生には思わぬことが待っているものです。

「ザ・フィッシュ」の海側の岸壁が全国「恋人の聖地プロジェクト」でロマンチックな「恋人の聖地」に認定。たまたま、岸壁に建てられたモニュメントの前で昼寝をしていたせいいちくんは、口コミでまたたく間に「恋の招き猫」に祭り上げられてしまったのでした。

せいいちくんのラブパワーを求めて、若い女性や恋人たちがはるばると会いにくるようになりました。「触ると恋が成就するご利益のある猫」という評判を聞いて、テレビ取材までやってくる人気者に。ご当地ゆるキャラかなにゃんのモデルにもなりました。金谷の観光マップにも、「ゆるキャラかなにゃんのモデルは、このノラ君」と、今も写真入りで紹介されています。

すっかり有名猫となったせいいちくんでしたが、「あっ、かなにゃんだ!」とキャアキャア言われてもどこ吹く風で、駐車場を悠々横切ったり、ベンチで惰眠をむさぼったり、きれいなお姉さんのいるお向かいの食堂に出入りしたり。

せいいちさんの一番の仲良しで、ご飯の面倒も引き受けていたのは、駐車場で働く猫好きの石井さんです。退職するときに、「みんなに可愛がられているけれど、このまま、ノラで置いておくのは心配」と、仲間と相談の上、家猫として安楽に後半生を過ごさせることにしました。

じつは石井さん、せいいちくんが大怪我をした後に、家猫にしてやろうと一度連れ帰ったことがあるそうです。ところが、せいいちくんは2~3日で行方不明に。探し回っても見当たらず、「どっかでノラをやってるのかな」とあきらめかけた頃、なんと、いなくなって10日目に、12キロも離れた「ザ・フィッシュ」に舞い戻っていたのでした。せいいちくんは、まだもうちょっと「恋招き猫」をしていたかったのかもしれませんね。

「だけど2度目に連れ帰ったときには落ちついたもんで、逆に外に出たがらない家猫になっちゃってね」と、石井さん。せいいちくんも10歳近いお年。触られまくるアイドル人生より、のんびり人生を選びたい境地になったのでしょうか。

ノラ時代は、食いだめ癖があって、朝に3缶、夕方に4缶をぺろりと平らげていたそうですが、いまは、朝夕2缶ずつ。8キロの巨体で、上から見たら、ツチノコみたいなシルエットのせいいちくんです。さぞ、ストレスがない日々なのでしょう。

恋招き猫かなにゃんが駐車場から姿を消して、2年がたちました。今も、「以前ここにかなにゃんと呼ばれてた大きな猫がいましたが、死んじゃったのですか？」などと、みやげ物店で尋ねる人も少なくないとか。「家猫として、ますます太ってしあわせに暮らしていますよ」と聞くと、「よかった、よかった！」と、皆さん、ほっと胸をなでおろします。せいいちくんは、今もたくさんの人から愛され、気にかけてもらっているのです。

ところで、せいいちくんの恋招き猫としての実績はどうだったのでしょうね？「ザ・フィッシュ」に勤めるひとりは「せいいちが恋招き猫だったら、毎日触りまくっていた僕たちが独身ぞろいのわけがない」と笑いますが、せいいちくんのラブパワーで恋を実らせたカップルもきっとたくさんいたに違いありません。

ともあれ、せいいちくん、恋招き猫の大役、お疲れさまでした。なかなかに面白い前半生だったね。後の半生は、石井さんにたっぷり可愛がられて、のんびり楽しく長生きしてね！

恋招き猫
かなにゃん神社
かなにゃん
100円

東京湾浦賀水道
金谷から眺める富士山の向こうに沈む夕日は絶景
Lover's Sanctuary
恋人の聖地
▼モデルは
このノラ猫君!
恋招き猫
ロマンチックな景勝地を
選び『恋人の聖地』として
認定する全国プロジェクト。
金谷はなんと千葉県初選出!
テレビでも紹介された恋招きの御守り
「かなにゃん」はフィッシュで購入できます。

プレミアム
ソフトクリーム

episode 4

裏街のゴロ吉

はじめまして。
ボク、かまぼこで有名な城下町にある「裏街キャフェ」で看板猫やってる「ゴロ吉」っていいます。
ボクね、自分で店の引き戸を開けられるの。そんで、その辺の道ばたでごろんごろんするのが趣味。だから、この名前がついたんだけどね。ごろんごろんって、ほんとに気持ちがいいんだよ！

こんなお坊ちゃまな顔してますけど、ボク、じつは裏の空き地のノラ出身なの。界隈でバリバリのノラやってる父ちゃんと母ちゃんが恋をして、この店の奥にある大正11年築のお蔵に忍び込んではあいびきを重ね、生まれた子がボク。
乳離れした頃、母ちゃんから「寒くなってきたねぇ。お前、愛嬌のあるかあいい顔をしてるから、すれっからしのノラにならないうちにお蔵のあるそこのカフェの子にしておもらい」って、ポンとお尻叩かれたの。

そんで、母ちゃんに言われたとおり三日三晩、木戸口の前でみゃあみゃあ（ここのうちの子にしてください）」って鳴きつづけてたら、「3晩も通われちゃあ、飼うしかないな」って、ダンディーなオーナーが中に入れてくれたの。母ちゃんてやっぱりニンゲンを見る目があるなあ。

「ニンゲンの父ちゃん」になってくれたオーナーは、この大正家屋で蕎麦屋とカフェと蔵バーをやってて、切り絵やオペラのライブみたいな風流なことを企画するおもしろい人なの。「猫と暮らすのは初めてだけど、お前がやってきて、とても楽しい」って。

ここんちの子になって1年ちょっと。すっかり愛されキャラの看板猫になったボクだけど、ノラだった頃の血が騒いでお外も大好きなの。そんで、ニンゲンの父ちゃんは夜にたっぷり散歩に連れてってくれるんだ。ボクはうれしくって、野ウサギみたいにピョンピョン跳ねてついていく。

父ちゃんがお風呂に入ればのぞきにいくし、父ちゃんが酔っぱらったまま大の字になって寝ちゃうと、風邪ひかないように胸の上に乗っかって温めてあげるんだよ。

「お前はほんとにいい相棒だ」って、父ちゃんも言ってくれます。

こんなに猫っ可愛がりしてもらってるボクだけど、ときどきノラの父ちゃん母ちゃんにふっと会いたくなるの。でね、ときどきお店を抜け出して、裏の空き地に会いに行くんだ。

父ちゃんはハンフリー・ボガートのようにハ

小田原
OPEN

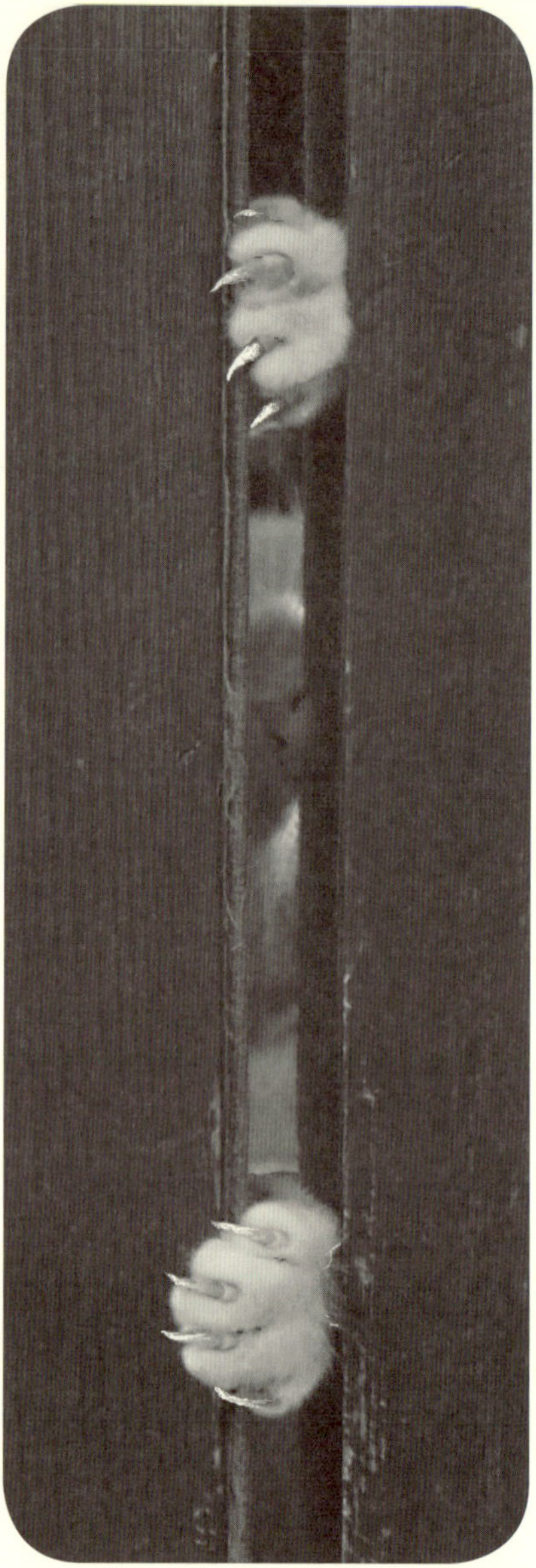

ードボイルドな男で、母ちゃんはローレン・バコールのようにクールないい女。レトロなこの路地にお似合いのカップルなんだ。いつも一緒で、たいてい空き地の車の上でひなたぼっこしてる。この車の持ち主がちゃんとご飯くれるし、いじめる人もいないから路地ノラが性に合ってるみたいなの。

空き地に行くとね、父ちゃんは「なんだ、またきたか」って追い払うし、母ちゃんは母ちゃんで、「フン、いいとこの子のくるとこじゃあないよ」ってまるでシカトするの。

しょんぼりしてボクが帰ってくると、ニンゲンの父ちゃんは言うんだ。

「お前の母ちゃんは、用もないくせに店のガラス戸の前をササッと通るなあ。知らん顔はしてるけども、あれは、お前がこのうちでしあわせに暮らしてるか様子を見にくるんだよ。やっぱりわが子のことは、いつまでも気になるんだねえ。人間だって同じことだけど、夫婦仲がいいと、お前のようないい子が生まれるもんさ。だから、お前の母ちゃんに道でひょっこり出会うと、いつも言うのさ。『ゴロ吉みたいないい子を産んでくれてありがとうね』って」

そうなんだー。空き地の父ちゃん母ちゃんは、ボクのこと、忘れてなんかいなかったんだね。

父ちゃんと母ちゃんがこの路地でいつまでも仲良く暮らせますように。それから、人と猫が仲良く暮らせる町がもっともっと増えたらいいなあ。

episode 5

森で生きぬいた猫

彼女の名はグレース。推定7歳の長毛種です。窓辺のソファーでくつろぐさまは、その名のごとく優雅そのもの。マスカット色の賢そうな瞳は何か深い哀しみを昇華させたように、しんとした光をたたえています。

彼女は5年前のある日、突然ひとりぼっちになりました。夜逃げをした飼い主一家に、外に置き去りにされたのです。

彼女が住んでいたのは、時代から取り残されたように古い建売住宅がぽつんぽつんと並ぶ村の一角でした。住処をなくした彼女は、村のはずれにあった森の奥へと姿を消し、「森の住人」となりました。それまでの名前で呼ばれることは、もはやなく。

外暮らしを知らなかった猫にとって、森の暮らしはどんなに厳しかったことでしょう。嵐の日、酷寒の日、身を横たえる場所はあったのでしょうか。飼い主の迎えを信じる気持ちはいつまで続いたのでしょうか。それでも、木々の間から差し込む光や小鳥のさえずりに心慰められる日もあったでしょうか。

哀れに思った村の人が、森の入り口までときおりご飯を運ぶようになりました。夕方のご飯の時間になると、彼女は森の入り口に生えている「根曲がり杉」の根っこの上で人を待ちました。森の番人みたいにひっそりとたたずむその姿を、よその町から来てたまたま通りかかった女性が目にしました。

頬はこけ、目は鋭く、毛並みもぱさついていて、まるでヤマネコのような風貌でしたが人恋しそうな様子から、ひと目で元飼い猫とわかりました。村の人から事情を聞いた女性は、その猫を何とか飼い猫に戻してやりたいと思いました。近くにあった「グレース洋品店」の看板から、とっさに「グレース」という名を猫につけ、ご飯を与えに通いながら里親探しを始めたのです。

女性から猫の里親探しを頼まれた友人夫妻が森まで行ってみると、猫は根曲がり杉の上にいて哀しい目をして寄ってきました。夫妻の家ではすでに保護猫を何匹も飼っていたので、友人の千佳子さんに話を持ちかけます。猫を飼ったことのない千佳子さんでしたが猫の境遇に心つまされ、森に会いに行くとグレースはすぐに森の奥から現れました。

「『私をここから連れてって』とすがるような必死な目でした」と、千佳子さんは言います。グレースの森での暮らしは、やがて2年になろうとしていました。

グレースにすっかり情の移った千佳子さん。犬派の旦那さまを説き伏せ、グレースを迎えることに。

そして、3年が過ぎた今。猫がやってくることに不承不承だった旦那さまのそばで、グレースがお腹を見せています。パパが大好きなのです。もしかしたら、元のおうちでも、いちばん可愛がってくれていた人は男の人だったのかもしれません。パパもこんなに甘えるグレースが可愛くてたまりません。「グレース」と呼ぶのは気恥ずかしくて「グーちゃん」と呼んでいます。顔を寄せすぎてメガネをチョイチョイされても、かまいすぎて腕を甘噛みされても、目尻が下がりっぱなし。

グレースは、未発症の猫エイズのキャリアでした。

「あのままだったら、遅かれ早かれ発症して、森のなかで誰知らず朽ち果てていたでしょう。うちに迎えてやれてほんとうによかった。主人の遊び相手をして、のんびり長生きしてほしいわ」と、千佳子さん。

森でグレースに初めて出会った人はみな、「どこか普通の猫とは違う不思議なオーラを感じた」と言います。もしかしたら、グレースは森で生きのびる間に不思議な力を身につけたのかも。そうそう、千佳子さんもこう言っていました。

「グレースは、黒っぽくなったり茶色っぽくなったり、いろんな色に自在に変わるの。初めて会いに行くときも『アメショーが好き』と私が言ったら、アメショー柄になって待ってました」

千佳子さんは、自宅でフラダンスを教えています。ゆったりとしたフラの音楽はグレースにとって至極心地よいらしく、レッスン中に部屋に入ってきて、踊る足元で寝入ってしまうのだとか。

置き去りにされた孤独も、森での苦難も、泣き言ひとつ言わず受容して生きぬき、何ごともなかったかのごとく、そっと人間に寄り添う。猫って、なんてグレースフル（気高い・潔い）な生き物なのでしょう。

episode

6

ニャジラの愛情

房総の山奥にある「ドリプレ」こと、「ドリーミング・プレイス・ローズガーデン」は、オーナーご夫妻が荒れ地をひと山開墾して作った手作りのバラ園です。

無農薬で育ったオールド・ローズが匂う園内のあちこちで、猫たちが思い思いに過ごしています。その1匹、「ニャジラ」は、いかにも「ごんたくれ」という目つきの雄猫。別名は「荒野の暴れん坊」。横顔には、オトコの憂愁が漂っています。

ニャジラのことをお話する前に、バラ園の初めての猫だったチロのお話をしなければなりません。

7年前の初冬にお腹を空かせたチロが山からさまよいこんで、年が明けると、チロの息子とおぼしき子猫コチロが現れて、東京からご偏屈な隠居猫ポタじいさんがやってきて……バラ園には平和な日々が続きました。

その翌春、山のほうから、ふらっとやってきたのが、このニャジラ。人にも猫にも心を許さない、とにかく狂暴な凄みのある巨大猫でした。鼻っ柱の大きなバッテン傷をはじめ、顔面には無数のケンカ傷がありました。

そんな厄介なオトコが、いつのまにかガーデンの農具置き場をねぐらとして居ついてしまったのでした。

当然、チロとは大ゲンカが続きました。コチロにも容赦なく、よく木の上まで追い詰めたそうです。チロ・コチロ父子の平和な日々は破られ、どうなることかとハラハラしていたオーナー夫妻でしたが、数か月後、気づけば、チロとニャジラは仲良しに。それも、はたから見たら「ベタベタ」と映るくらい、大親友になったのでした。きっと、けっして強い猫ではないチロが、息子や仲間たちを守るために、必死で向かってくる姿に、ニャジラは感じるところがあったのではないでしょうか。

ずっと嫌われ者だったニャジラがはじめて得た親友は、1年後、ガーデンや仲間を守るために、イノシシと戦って命を落としてしまいました。チロが箱の棺に入れられても、彼が愛したガーデンの土に埋葬されても、ニャジラはいつまでもそばを離れようとしませんでした。

その日以来、誰の目にもわかるくらいニャジラは哀愁をまとったさみしい顔のオトコになってしまいました。

チロがいなくなって5年。山からやってきたり、里から持ち込まれたりで、バラ園に居ついている猫は、いつのまにか8匹にもなりました。外猫軍団のガーデンパトロール隊の隊長任務をチロから引き継いでいるのは、ニャジラです。とはいえ、生来のさすらいの血が騒ぐらしく、数日ふらっといなくなることもたびたび。記録的な大雪のときも、1週間戻らず、みんなを心配させましたが、何事もなかったのように、東の森から帰ってきました。

そんな無敵のニャジラが最近はすっかり丸くなった、との評判です。バラ園に前後して引き取られてきた子猫たちに、惜しみない愛情を注いでいるのです。

おや、テラスでニャジラが子猫を愛おしそうに舐めてやっています。甘え切った表情のオッド・アイの女の子は、リリーちゃん。ユリの花の咲く季節にやってきました。ニャジラの無頼ぶりを知っている人は「あのニャジラが……」と驚き、知らない人のなかには、毛色も似ている2匹を見て、ニャジラおじさんを母猫と思い込む人もいます。

もう1匹の新入り、黒猫のやんちゃ坊主コジジのことも、ニャジラは舐めてやったり遊んでやったり、よく面倒を見ています。コジジとリリーちゃんが仲良く遊んでいるときは、外敵から子を守る父親のように、そばにいます。

大きくなってきたコジジは、大好きなニャジラについて、園内パトロールにも出かけるようになりました。いつもの食いしん坊なやんちゃ顔とはちょっと違う、りりしい顔つきになっています。ニャジラ隊長は、コジジを立派なパトロール隊員に育て上げるつもりでしょう。

きっと、物心ついてからずっと、家族も仲間も知らず、争うことで生き抜いてきたニャジラ。バラの森でやっとめぐりあった親友を失ったニ

ヤジラ。コジジとリリーにも、親とはぐれた遠い日の自分を見たのかもしれません。鋭い目が、こころなしか丸くなったようです。

episode 7

町に生きる

古い街道が4つクロスするこの町では、路地路地に、ひなたぼっこをしている町猫がいます。不動産屋さんのわきでも、3匹が思い思いにごろんごろんと春の陽ざしを満喫していました。日当りのいいこのスペースには、猫ベッドに座布団まで置いてあって、どうやら、猫たちのくつろぎ広場のようです。

ちょうど猫の餌やりのために事務所から出てきた女性に、「こんにちは～、猫さんたちくつろいでますね」と声をかけると、「今日はまたいいお天気ですものね」と、とても感じのよい笑顔が返ってきました。

不動産屋の英子さん。外猫3匹の面倒を見ています。

「この子たち、半ば地域猫なんですよ。この前を通る子ども連れ、学生さん、サラリーマン、おじいちゃんおばあちゃん……。たくさんのかたに可愛がっていただいて」

　キジトラは「チビ」ちゃん、茶トラは「チョビ」くん、さび猫は「ジジ」ちゃんで、「まだ2歳くらいで、たぶん兄妹」とのこと。奥には、台風でもびくともしない頑丈で大きな猫ハウスが建っています。


　3匹の面倒を見るようになったいきさつを、英子さんが聞かせてくれました。

　高齢のご夫婦が住むご近所の家の庭に10匹ほどの猫が住みついていて、奥さまが病気がちのためにご飯をもらったりもらわなかったりで、ガリガリに痩せているのを見かけました。心を鬼にして見ないふりをしたのは、自分の性格から、深入りしてしまって後戻りができなくなることをよく知っていたからです。10匹ともなれば、無理もありません。


「でもある日、見てしまったんです。生ゴミをあさってた2匹が、トウモロコシの芯を取り合っているのを。もう見ないふりはできなくて。その家の庭にそっと朝早く、ご飯をはこぶようになりました。そのうち、家のかたに知れて、どうぞどうぞと言っていただきました」

　最初は1匹だけ住みついたノラが、次々と子どもを産み、あっという間に10匹になってしまったということでした。「なんとかしなければ」と思っていた矢先、子猫がまた4匹生まれてしまいました。英子さんは、心を決めました。

「10匹の去勢避妊手術をさせてください。費用は全部私が出すつもりですが、もし少しでも出してくださるお気持ちがあれば助かります」と、10匹プラス子猫4匹の住む家にお願いに行ったのです。すると、先方も、「ありがとうございます。助かります」と、費用を折半してくださることに。

LPガス
27-10

朝ご飯は英子さんが、夜ご飯はそのお宅で分担することも決めました。
子猫たちは事務所に連れ帰り、里親を募集。

3匹はもらわれていき、一番のビビりだったキジ白の女の子は自宅飼いとなりました。自宅には、すでにへその緒がついたまま捨てられてい

たのを保護した猫と、倉庫でボロ雑巾状態で発見された猫がいます。

さて、10匹の庭猫たちの手術も無事終わりました。そのなかで、なついて後追いをしていたチビ、チョビ、ジジの3匹を事務所の外飼いとして迎えることにし、英子さんはご近所じゅう挨拶に回りました。

「この3匹は、うちの猫になりました。終生面倒を見ますので、どうぞよろしく。何かしでかしましたら、すぐにおっしゃってくださいね」

英子さんの申し出を受け、ご近所さんは猫たちを温かく見守って、しでかす「事件」も率直に知らせてくれます。植木鉢の土をこぼした、などと聞けば、すぐに新しい土をもって飛んでいく英子さんです。

「猫嫌いのお隣さんは、以前は猫たちのゴミあさりに眉をひそめていたのに、この頃はニコニコ顔で猫たちをのぞきに来て『座布団、使う?』なんて。サラリーマンのかたの猫好きってすごく多いし、お父さん手作りの猫じゃらし持参で通ってくる小さな女の子もいるし。こうして猫たちが自由にしていても、ご近所さんとは、とてもうまくいっています。猫が町にいる風景って、みんなを笑顔にしますよね!」

高齢のご夫婦がもし庭猫たちの面倒を見られなくなったときは、その子たちもここへ連れてきて、終生面倒を見る覚悟です。

英子さんが「初めの一歩」の勇気を出さなかったら、庭猫たちのその後はどうなっていたでしょうか。猫が暮らしやすい町は、人も暮らしやすい町。日頃の交流が、猫好き・猫嫌いの溝を埋めていく。ごろんごろんする3匹が、そう物語っています。

episode 8

アタシたちの母さん

アタシたち姉弟が暮らしているのは、よその人はめったに訪れない小さな漁港。おてんばなアタシと、はにかみやの弟。アタシは鼻のところに黒い染みがあるけど、弟にはなくてやさしい顔をしてるの。アタシたちの母さんはまだ若くて、スレンダーなキジトラ美人なの。ほらね。

母さんは、まだ危なっかしいアタシたちのそばにいつもいてくれるんだ。甘えん坊の弟は母さんのくっつき虫だけど、好奇心のかたまりのアタシは、どんどん遊び場を開拓中。波打ち際で波と遊んで、母さんをハラハラさせちゃう。

この漁港は気のいい漁師さんたちが多くて、漁から戻ってくると大きな魚を1匹ポンとアタシたち一家にくれるの。母さんはまずアタシたちにおいしいところをお腹いっぱいに食べさせて、それから残りを自分が食べるの。

だから、アタシは、食後のお腹はぽんぽこりん。船のロープのぶら下がり体操とか漁網の上のトランポリンで、腹ごなしするの。

アタシたちの母さんはね、内緒話もやさしく聞いてくれるし、甘えたいときは、そっと寄り添っててくれるし、長いしっぽをゆらゆらさせて遊ばせてもくれるの。

アタシも弟も、大きくなってもまだまだ母さんのおっぱいが恋しくて、通りかかる人に笑われても、道ばたの陽だまりで母さんのおっぱいを吸ってるときが、いちばんしあわせ。チュッチュッって吸ってるうちに、とろとろ眠くなるの。

母さんは、じっとおっぱいを吸わせててくれる。ちょっと困った顔をして。

母さんのおっぱいは、いくら吸っても出ないの。

なぜって、母さんはね、アタシたちを産んだ母さんじゃないから。

アタシたちは、ほんのちびっちゃいときに、よそからこの漁港に捨てられた。みゃあみゃあ鳴いているのを、この漁港生まれのキジトラのお姉さんが飛んできて、ペロペロ舐めてなだめてくれた。そして、その日から、アタシたちの母さんになってくれて、温かいねぐらやらご飯のもらえる場所やら危険な場所やら、全部教え込んでくれたの。

「よくまあ、こんなに自分の産んだ子みたいに可愛がれるもんだ」って、漁師さんたちは感心してるし、事情を知らない通りかかりの人は「おやまあ、仲良し親子だねえ。母猫に似て、子どもたちも器量よしだこと」って、言ってくれる。

アタシたちの大好きな母さん。自慢の母さん。

アタシたちが一人前の「海辺の子」としてたくましく育つまで、そばにいてね。もうちょっとの間、おっぱいを吸わせて甘えさせていてね。

episode 9

4匹の子猫

ある町の、ある農家が、納屋にネズミが増えたのに困ってよそから猫をもらってきました。空色の目をした、シャムミックスの雌猫です。この農家は猫が好きではなく、ネズミを捕らせることだけが目的だったので、猫を納屋に閉じ込めご飯をいっさい与えませんでした。

猫は人の出入りの隙をついて、ときたま納屋の外に出ることもありました。ひもじそうな猫を見かねた近隣の人たちが「猫にちゃんとご飯をやって、避妊手術もしてやって」と、幾度となく頼んだのですが、飼い主は「餌をやって手術をすると、ネズミを捕らなくなる」と言い張り、受けつけませんでした。

そのうち、猫は納屋で4匹の子猫をこっそり産み、まだ授乳中に餌探しのためか、通りを渡ろうとして交通事故に遭い、亡くなりました。

遺された4匹の子猫は、農家の人に保健所に持ち込まれる寸前を、保護ボランティアの女性に救出されました。彼女は、救えなかった母さん猫に「子どもたちは、お前の分まできっとしあわせにするからね！」と誓ったに違いありません。

子猫は、白の男の子が長毛・短毛それぞれ1匹ずつ、キジトラの女の子も長毛・短毛それぞれ1匹ずつ。白猫の兄弟は、母さん譲りの空色の目をしていました。長毛くんは、左前足がひどく腫れあがっていたので、すぐに行きつけの「ユーミーどうぶつ病院」へ。ユーミー先生は、動物に限りなくやさしく、飼い主に厳しい、若き熱血獣医さんです。

長毛白くんは、ユーミー先生の治療で足首切断を免れました。彼が1か月入院している間、まだ母さんのおっぱいが恋しい3匹はどうしていたかというと……。保護主さん宅に先に保護されていた三毛猫さくらちゃんにおっぱいをもらい、育てられていました。さくらちゃんは保護されると同時に3匹を産み落としましたが、その子たちはみなもらわれていったばかりで、お乳がまだ張っていたのでした。

さて、1か月もの入院治療費をどう工面しようと悩む保護主を前に、ユーミー先生は言いました。「治療費は要らないよ。母が払うそうだ。両親があの子を気に入ってね、もらいたいと言っている」。先生のお母さんが病院に立ち寄ったとき、子猫の鳴き声にケージをのぞいたら、「天使のような猫」がいて、ひと目ぼれ。それを聞いたお父さんが見に行くと、「大怪我をしているのに屈託のない、ほんとうに天使のような純白の猫」がいたのでした。

そら

かりん

「オレ様が天使と呼ばれていた頃」と、子猫時代の写真を前に自慢げなそらくん。あれれ？　白猫ではありません。なぜか育つにしたがい、茶色っぽくなっていったのですって。

「わが家の三男坊です」とお父さんが胸を張る通り、男前で風格ある猫に成長したそらくん。「純白の天使」とは言えなくなったけど、父さんの目尻をこんなに下げさせるなんて、やっぱり今だって天使なのです。

そらくんに続き、短毛白くんは動物大好き一家にもらわれていき、かりんくんとなりました。しあわせ度も、目の青さも、ふくよかさも、純白から薄茶色への変身度も、そらくんに負けてはいません。

展覧会で「猫天使」と題された、青い目の白い子猫の絵を見てから、白い子猫を飼うことに憧れていたのは、3人の男の子たちの母である智恵美さん。絵を見てから何日もたたないうちに「猫をもらってくれない？」というメールが。添付されていた写真の、白い子猫の愛らしさ！　お見合いをして、さらに惚れ惚れ、もらう約束をしました。

でも――、お父さんには内緒でした。なぜかお父さんは猫だけは苦手で「猫はダメ！」と言い続けていたのです。

「こんなに可愛いから、連れてきちゃえばなんとかなる、と（笑）。息子たちは、はじめての猫が来るというので、もう有頂天。祝賀ムードに感づいた主人は『猫なんて連れてきたら許さない！』と言ってましたけど」

子猫がやってきた日。3人の男の子たちは「やばい！　可愛すぎる！」と、大興奮。そして、あれほど「許さない！」と言っていたお父さんからはお咎めなしでした。

家のあちこちには、かりんくんが外を眺めるための網戸の小窓が作られています。広い青空が見えるサンルームの天窓の下もお気に入りの場所です。庭の散歩はリードつき。うさぎ小屋に立ち寄って仲良しのペロ君と遊ぶのも、鳥小屋の観察も日課です。

年頃の男の子と母親は会話が少なくなっていくものですが、「かりんの可愛さは世界一」と会話は弾みます。お父さんはけっして「可愛い」なんて言いませんが、「かりんくん、パパでちゅよ〜」と話しかけている現場を何度も目撃されています。そんなお父さん、クリスマスには家族に内緒で、かりんくんのために立派なキャットタワーをネット注文していたそうです。

さて、長毛と短毛のキジトラ姉妹はどうなったでしょう。保護した女性は、残るキジトラ姉妹もしあわせにすべく、里親探しを続けました。ふと思いついたのは、猫好きが集まる場所に連れて行くこと。そこで、行きつけの農家食堂に2匹を連れて行きました。農家では以前に猫を飼っていたので、うまくいけばそこで……という下心があったのでした。

お客さんたちに子猫をお披露目していたとき、うまい具合に小学校から帰ってきたのがここの末っ子の翔太くん。2匹の愛らしさに心奪われ、「飼いたい飼いたい！」と、この家を統括するおばあちゃんに必死の直訴。ここぞとばかり、保護主は「1週間預けるから、どっちか選んで」。そして、こう言い添えるのも忘れませんでした。「飼うのなら、姉妹で飼うと、とてもラクよ。2匹で遊んで育つから」

周りの猫好き客たちも「猫を飼って一人前」「飼うなら一緒に」と、口々にフォロー。結局、家族の誰もがどちらかなんて選べず、翌朝には、2匹とももらうことが決まっていました。

長毛がスミレ、短毛がカエデという名前は、翔太くんが植物図鑑と首っ引きの末につけました。姉妹はそれぞれ気の向いたときにお店でお客様をもてなしています。あとは、広い農地を自由気まま。名ハンターだった母さん猫の血をひいて、2匹ともに狩りが趣味。スミレちゃんが鳥、カエデちゃんがネズミ専門だそうです。

幸薄かったお母さん、あなたの遺した4匹の子どもたちは、みんな元気にしあわせに暮らしていますよ。あなたが見ることのあまりなかった青空の下で、母さんのいのちの分も輝かせて。

episode
10

デイサービスの猫スタッフ

住宅地の路地にある「あやめデイサービス」には、3匹のスタッフ猫がいます。おでん（5歳）に茶めし（5歳）に福太郎（16歳）。お気楽なおっとり猫たちですが、みんな元ノラです。

大テーブルの上でくつろいでいるのは、おでんと茶めしの兄弟。ちょびひげがあるのが、茶めし。ないのが、おでんです。2匹は、5年前の晩秋、てのひらに乗るサイズでここにやってきました。近所の庭でノラ母さんが産んだ子でした。ちょうどもらわれてきた日のデイサービスの昼食の献立が、おでんに茶飯。それで、こんなおいしそうな名前になりました。おでんと茶めしは、たちまちデイサービスの利用者のみなさんの人気者に。

2階の所長さん一家の住まいには、すでに「福太郎」という猫がいました。福ちゃんも近所に捨てられていたのを娘さんが拾って持ち帰った猫でした。

おでんと茶めしがやってくるまではめったに階下に下りてこなかった人見知り猫なのですが、階下の楽しそうな様子につられ、いつしか自分も猫スタッフに自主参加。いまでは、3匹揃って、あやめデイサービスになくてはならない癒し猫を務めています。

「3匹とも性格がいたって温厚で、立派にアニマルセラピーの役目をしてくれています」と、スタッフのかたも太鼓判。

3匹は室内を巡回して、そっと利用者のかたわらに寄り添います。

椅子の上でうとうとしていたお年寄りに、スタッフが「おでんを撫でてやってくださいね〜」と、声をかけました。昼間に寝ては生活リズムが乱れて、夜に眠れなくなるからです。お年寄りが机に突っ伏して寝入ってしまうと、おでんは「起きようね～」とばかり、そーっと頭突きをして、起きるのを促すそうです。心得たものですね！

茶めしはお手玉に目のないオトコ。お手玉タイムが始まると、みんなが投げ上げるお手玉を片っ端から持ち逃げして、笑いを誘います。

あやめデイサービスは、「家庭のなかで家族のように過ごしてほしい」という理念のもとに運営されています。つまり、ここは猫が3匹いる大家族。

行き場のない兄弟猫をもらい受けて3匹になったとき、トラブル防止のため、「猫の苦手なかたはご利用お断り」という方針にしようかと考えたこともあったとか。でも、猫嫌いの利用者は、ひとりも現れませんでした。

猫に興味なんてない、というかたは、もちろんいました。でも、一緒に生活すると、「猫がそばにいるのはあたりまえ」という心境になり、撫でたり話しかけたりし始めるのだそうです。

スタッフのかたは言います。

「とにかく猫に接すると、みなさん笑顔になりますね。何かの拍子で駄々をこねるかたもたまにはいらっしゃいますけど、そんなとき猫を連れてくるとすぐに気分が変わって機嫌が直ります」

おや、ゲームがカードをめくって色合わせをするゲームが始まりました。「ボクも入れて」と、にぎやかなことが大好きなおでんが駆け寄ってきます。

テーブルの上で転がって、カードゲームに参加しているつもりの、おでん。穏やかな時間が

流れます。ここでは、老いも若きも、体に障がいがあろうとなかろうと、人間も猫も、みんな同じ生きてる仲間です。

毎月1回、利用者のかたの体重を量るときには、猫スタッフたちの体重も量ることになっています。現在、3匹合わせて22・7キロ！　周りを笑顔にしてくれるしあわせ太り猫たちです。

コラム1

「フェリシモ猫部」とは?

「フェリシモ猫部」は、神戸に本社をおく、ファッション・生活雑貨などを通信販売する会社「フェリシモ」が運営している猫好き&猫たちのしあわせを願う人たちのためのウェブサイト。フェリシモの猫好き社員さんが集まって発足し、猫グッズの開発、猫ブログ、サイトでの猫写真投稿受付、基金活動、譲渡会開催など、幅広い活動を行っています。

こんなみにゃさまのためのサイト

◎とにかく、やっぱり猫が好き!

◎毎日かわいい猫を見ていやされたい。

◎いつかは猫と暮らしたいと思っている。

◎猫に会うと、話しかけずにはいられない。

◎「うちの猫は、なんてかわいいんだ…」と惚れ惚れしている。

◎猫のためのおもちゃ・猫モチーフの物を見ると
つい手が伸びてしまう。

◎困っている猫や動物のために、何かしたいと思っている。

◎なれるなら、猫になりたい。

――猫を愛する人たちが集まって、“猫と人がともにしあわせに暮らせる社会”を目指して活動しているのが「フェリシモ猫部」です。

サイトの他、Facebookページ、Twitterでも更新情報やかわいい新商品情報の発信を行っています。

●フェリシモ猫部　http://www.nekobu.com

●猫部Facebookページ　https://www.facebook.com/felissimonekobu

●猫部Twitter　https://twitter.com/felissimonekobu

猫フォトギャラリー「わが村」

episode 11

子猫を救え!

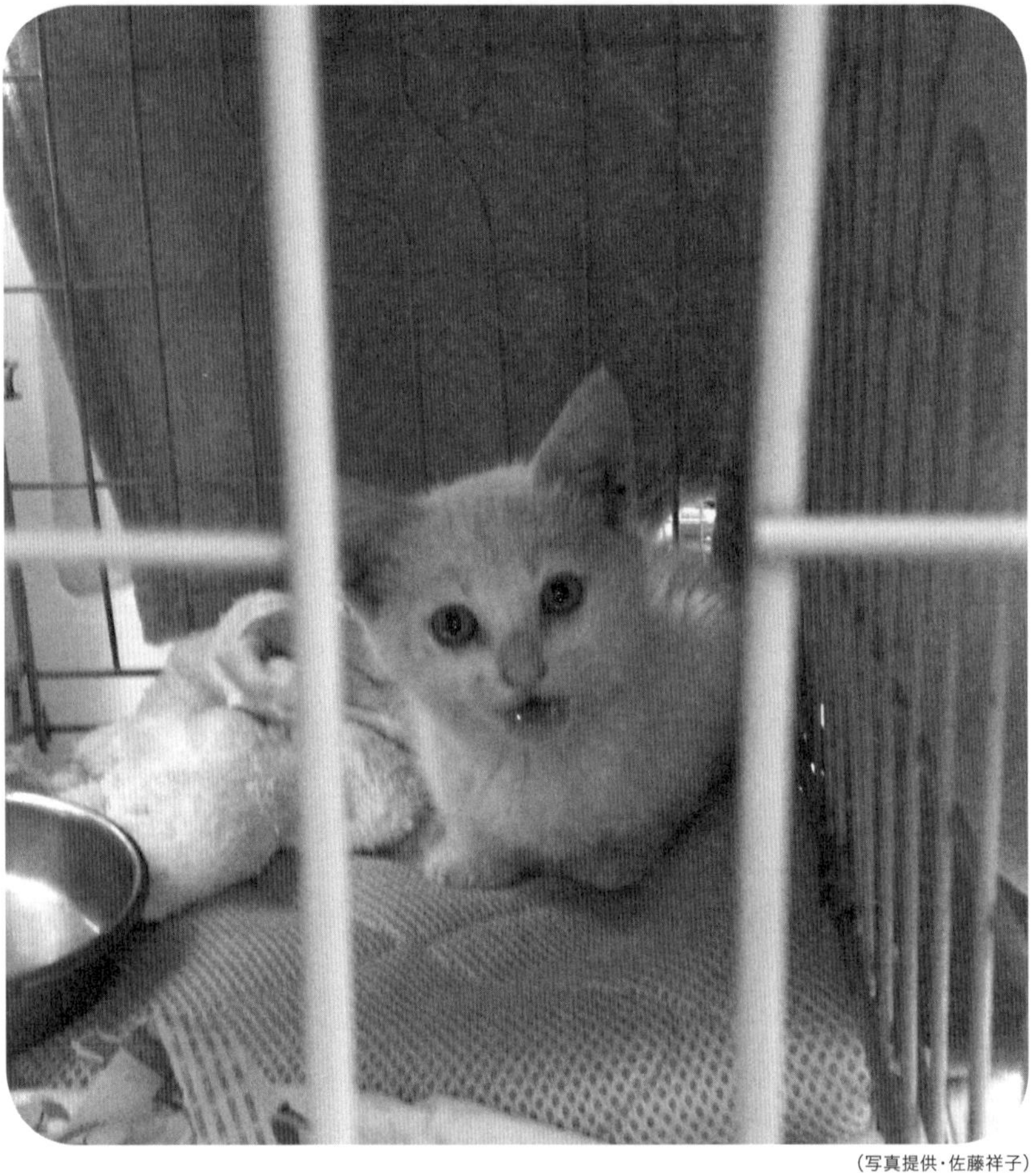

（写真提供・佐藤祥子）

これは祥子さんが聞かせてくれた、小さな奇跡の物語。主人公は、このグレーの子猫です。

6月のある日、祥子さんは、仕事で福岡にいました。初夏というのに、肌寒い1日でした。仕事を終え、友人の車で移動中に雨が降ってきました。

交差点で車が停まったときです。どこからか子猫の鳴き声が聞こえた気がしました。友人には聞こえてないふうなので、気のせいと思い直しました。けれど、次の信号待ちでも、また、かすかに子猫の鳴き声が……。

「ねえ、今、子猫の鳴き声がしなかった?」と、友人に言いましたが、「ううん、気のせいでしょ」。

本降りになってきた雨の中を走っていると、またもや鳴き声。

「車のどこかに猫がいる!」

すぐに道路わきに車を停め、車の内外も車体の下もよく見ましたが、子猫の姿は見つかりません。雨はいよいよ土砂降りに。

そこで、国道沿いにあった洋菓子店の駐車場までそーっと車を移動して、ボンネットを開けてみると……。小さな猫がするっとエンジンルームの奥へ入り込んでいくのが見えました。なかは複雑で手が届きません。

「どうしよう、どうしよう」と、ふたりしてあわてていると、洋菓子店の店員さんが「どうかなさったのですか」と、出てきました。わけを話すと、他の店員さんたちも心配そうに集まってきました。店長らしきかたが、近所の自動車修理工場から助っ人ふたりをすぐに呼んでくれました。

車体をジャッキで持ち上げて、ひとりが下に

（写真提供・佐藤祥子）

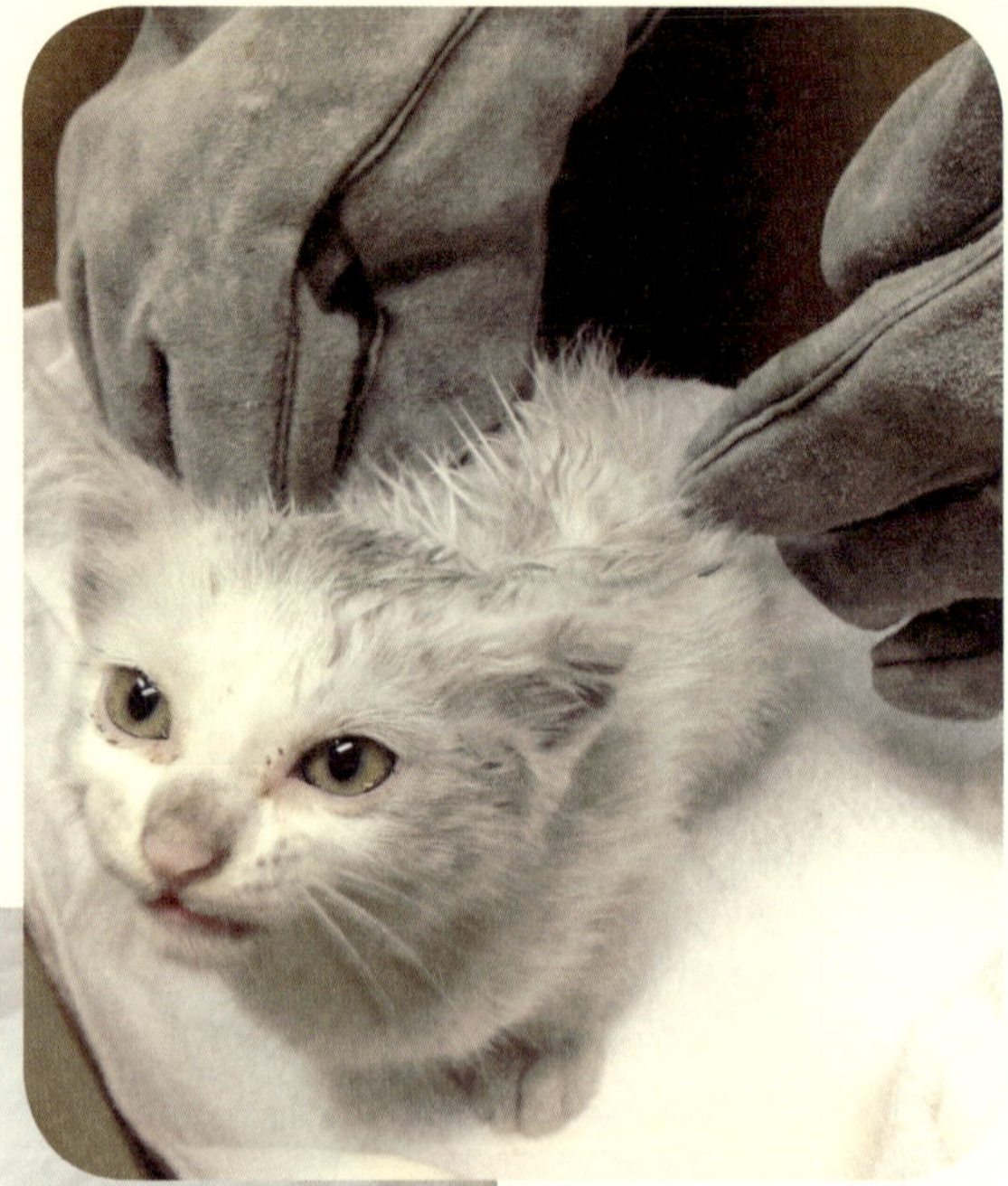

もぐり、上から下から、子猫捜索。いつのまにか、店内にいたお客さんたちも集まってきて、かたずを飲んで見守ります。誰からともなく、みんなで、傘をさしたままの長い人垣を作りました。子猫が国道のほうに飛び出さないためです。そのうち、傘なんかさしていたらすきまができると、みんなずぶぬれになって、がっちりとした人垣を。

子猫は、国道とは反対側の植え込みに逃げ込んだところを、無事保護されました。その瞬間、わあっと歓声があがり、拍手が沸き起こりました。時間にしたら、約30分の救出劇。その場に居合わせた人たちが、「絶対に子猫を助けよう！」と、心をひとつに結びあわせたのでした。

洋菓子店で段ボール箱を用意してもらい、子猫はすぐに、動物病院へ。生後1か月くらいとの見立てでした。母猫とはぐれたノラの子が、暖をとるため、車体の下からエンジンルームにもぐりこんだようです。

シャ〜〜〜ッと一人前に威嚇を繰り返すものの、とても愛らしい顔立ちの女の子です。

国道を疾走する車から振り落とされなかったのも奇跡なら、エンジンに巻き込まれなかったのも奇跡です。ボンネットのなかに猫が入り込んだままエンジンをかけると、まず助かりません。寒い季節によくある事故なのです。

東京で「グレーの子猫がほしい」と言っているかたが、たまたますぐに見つかりました。祥子さんがさっそく写メールを送ると、「飼いたい！」と打てば響く返事です。祥子さんは、九州でのその後の予定をキャンセルし、子猫と共に羽田へ。ボンネット猫は、羽田空港で飼い主の熱烈歓迎を受けたのでした。

強運な猫は、「こはる」という粋な名前をもらって、今は目ヂカラのある美しい猫に成長しました。

あれ？　グレーではありません。どこから見ても、真っ白な猫です。迎え入れて毎日拭いてやってるうちに、どんどん白くなっていったのですって。エンジンルームに入り込んだときのオイル汚れがしばらく落ちなかった、というマジックでした。

高校生のみはるちゃんとは、大の仲良し。みはるちゃんが机の上に教科書を広げると、その上にドンと7キロの体をのせて、「私をかまって」アピールをする甘えんぼさんです。「ひとりっ子のみはるに妹ができて、ほんとによかった」と、お母さん。

こはるちゃんは3年前の土砂降りの夜のこと、覚えているのかな。小さないのちのために、ゆきずりのたくさんの人たちが「どうか助かって」と祈ったことを、きっと忘れてはいないよね！

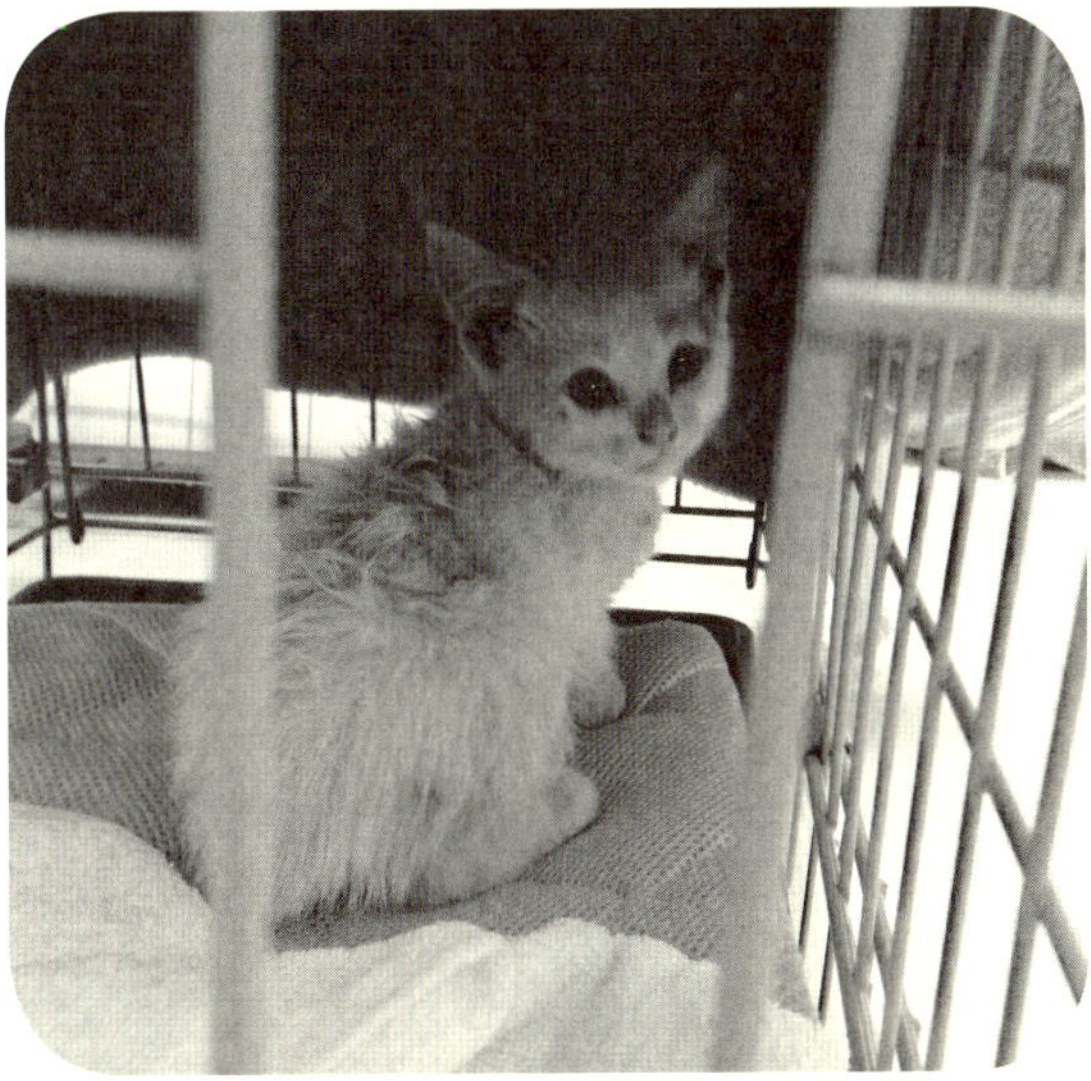

（写真提供・佐藤祥子）

うです。飼えるときがきたら、ペットショップやブリーダーから買うのではなく、保護された猫の里親になろうと、決めていました。

京都から出てきて、叔父さんちに間借りすることになり、猫好きの叔父さんが「猫を飼ってもいいよ」と言ってくれたときには、うれしくて飛び上がらんばかりでした。私を待っている運命の子はどこにいるのだろうと、探し始めてまもなく、叔父さんが「近くのコンビニにこんなの貼ってあったよ」と、チラシをコピーして持ち帰りました。「里親さん募集中です」のチラシには、生後1か月半くらいの、ほやほやっとした5匹の子猫たちの写真が。

「なかでもひときわぼやっとした春っぽい顔の子がいて、男の子か女の子かわからないけど、ひと目で気に入りました」

まずは、保護主さんとの面談。保護主さんにとっては、猫を譲渡するには花さんは「独身」「定職についていない」「自宅ではない」など、条件的にはアウトだらけで、基本的には猫を渡せない相手でした。でも、花さんに会うなり「この人なら終生可愛がってくれる」と、譲渡経験の豊富な保護主さんは確信したのでした。

子猫たちは、大怪我をしているノラ母さんが必死で子育てしているところを保護されました。5匹とも、やせっぽちのネズミのような栄養失調で、育つかどうか危ぶまれましたが、無事里子に出せるまでに成長。

そんな生い立ちにもかかわらず、ぼやっとのどかな風情が花さんに気に入られたサバ白の男の子は、正式名を「春草《しゅんそう》」、愛称を「草ちゃん」と名づけられました。いきいきとした猫の絵を何枚も遺した日本画家の菱田春草からとった名前です。

花さんのもとにやってきた日は、猫を被っておとなしーくしていた草ちゃんでしたが……。その夜中のこと。花さんがトイレに立って戻ってくると、ベッドわきにいたはずの草ちゃんが、デーンと枕を占領して寝ています！　初日からして飼い主に「おーっとォ」と思わせる大物ぶり。

「初めて猫を飼って驚いたのは、とにかくよく走り回ることと、体の熱さ。真夏というのに、密着して寝たがり、暑いので壁際に引くと、またくっついてくる。だから、私は壁際ぎりぎりに押しやられ、草はベッドのど真ん中でゆうゆうと寝てるんですよ〜」

草ちゃんのチャームポイントは、ピンクの鼻先や肉球、先が真っ白な長いしっぽ、マイペースな性格。第一印象とかなり違うやんちゃ坊主だったけど、もう花さんは草ちゃんが可愛くて可愛くてたまりません。抱っこしたとき、好きなように顔をおもちゃにされ、鼻の穴を肉球で塞がれたって。

キラッキラの瞳に見つめられて、「にゃ〜（メシくれ〜）」とか「にゃ〜（もっと遊べや〜）」とか、甘えられても、可愛さあまって、ついこんなことを言ってじらしてしまうのですって。

「にゃ〜しか言えへんのか。にゃ〜だけじゃわからへんなあ。たまにはにゃ〜以外言うてみ」

つい先日のこと。とても不吉な恐ろしい夢を見て目覚めた花さんは、ベッドの上で大泣きしてしまいました。いつもなら、草ちゃんは朝目覚めると花さんの鼻や口にチョイチョイとちょっかいを出した後、さっさと室内探検に出かけて行くのですが……。

「そのときは、泣いている私のそばにじっと座っていてくれて、涙をペロペロと舐め続けてく

れたんです。昔からずっとずっと一緒だったような不思議な気がしました。もちろん、これからも、どんなことがあったって、ずっとずっと一緒です！」

episode 13

崖を登ってきた猫

ギャラリー&カフェ「風草《かぜくさ》」は、陶芸家の美子さんの工房敷地内にあって、印旛沼《いんばぬま》を見下ろす広いコナラの林の中にたたずみます。

吹き渡る風のなか、心地よさげに木漏れ日を浴びているのは、ここの看板猫。推定年齢14歳の、長毛の温和な雌猫です。

風草は道路からかなり奥まった場所にあり、猫の目の先には、今しも暮色に染まろうとしている印旛沼が広がっています。印旛沼がはるかに見下ろせるということは、かなりの崖地ということです。

13年前のこと。猫は、この崖を必死で登ってきました。民家もそんなにない場所ですし、崖の下は原野のような風景です。捨てられて何日もさまよっていたのかもしれません。さぞお腹がすいていたことでしょう。

どんな思いをした末の覚悟なのかわかりませんが、とにかくその猫は「風草」を目指して崖を登ってきたのでした。

美子さんを崖の上に見つけた猫は、「今行くから、待ってて！」とばかりに、ひたと美子さんを見つめて、にゃあにゃあ鳴きながら丈高い草をかき分けて登ってきました。

辿りついたのは、痩せてひもじそうなまだ若い猫でした。美子さんは困りました。犬は好きでしたが、猫は苦手だったのです。わがままで、狡猾で、勝手なことばかりするマイナスイメージしかありませんでした。

「しっ、しっ、あっち行って」と追い払いましたが、猫はどこにもいきませんでした。

「居ついちゃうから、絶対に餌をあげちゃだめよ。そのうちいなくなるから」と、猫が好きではない人は忠告しました。猫は昼間は林のなかで過ごし、夕方になると崖を下っていきました。そしてまた、朝になると林のなかに戻っているのです。きっと夜の原野で、ひもじさを少しでも満たすために昆虫などを探していたのでしょう。

美子さんが餌もあげず、「しっ、しっ」と追い払うにもかかわらず、猫はめげることなく洗濯物を干している美子さんの足元にすり寄っては甘えてくるのです。

クッキーのかけらなどを猫に与えていた猫好きたちが、見かねて言いました。

「とってもお利口さんで、性格もいい猫じゃない。飼ってやって」

そういえば、困ったことは何もされていないし、よく見れば可愛い顔をしてるわ。美子さんは渋々でしたが、猫を飼うことにしました。猫

がやってきて、1週間目のことです。

そしてたちまち、美子さんは「猫の魔法」にかかってしまいました！

飼うと決めて、触れたり話しかけたりした日から、美子さんは猫にに心をとろかされてしまったのでした。

「猫がこーんなに可愛いなんて、思ってもみなかったわ。とくにこの子の可愛さはトクベツ！」

今は大の猫好きに変身した美子さんです。

「そういえば崖を登ってきたときのこの子は、ここに決めた！　って一途な目をしていたっけ」

風が吹き渡る「風草」の猫なので、「風《ふう》」ちゃん。今や風草の看板猫、招き猫として、林を悠然と散策する姿の、なんて絵になること。大腸の持病があり、開腹手術も2回しましたが訪れる

人たちにも愛され、穏やかに日々を過ごしています。

3年前の夏、ベランダで行き倒れていた黒猫「くっく」という弟分もできました。

でも、美子さんの膝の上だけはくっくちゃんに渡せない風ちゃん。抱っこをせがんでは、美子さんの胸に顔をうずめるひとときが、風ちゃんの至福です。

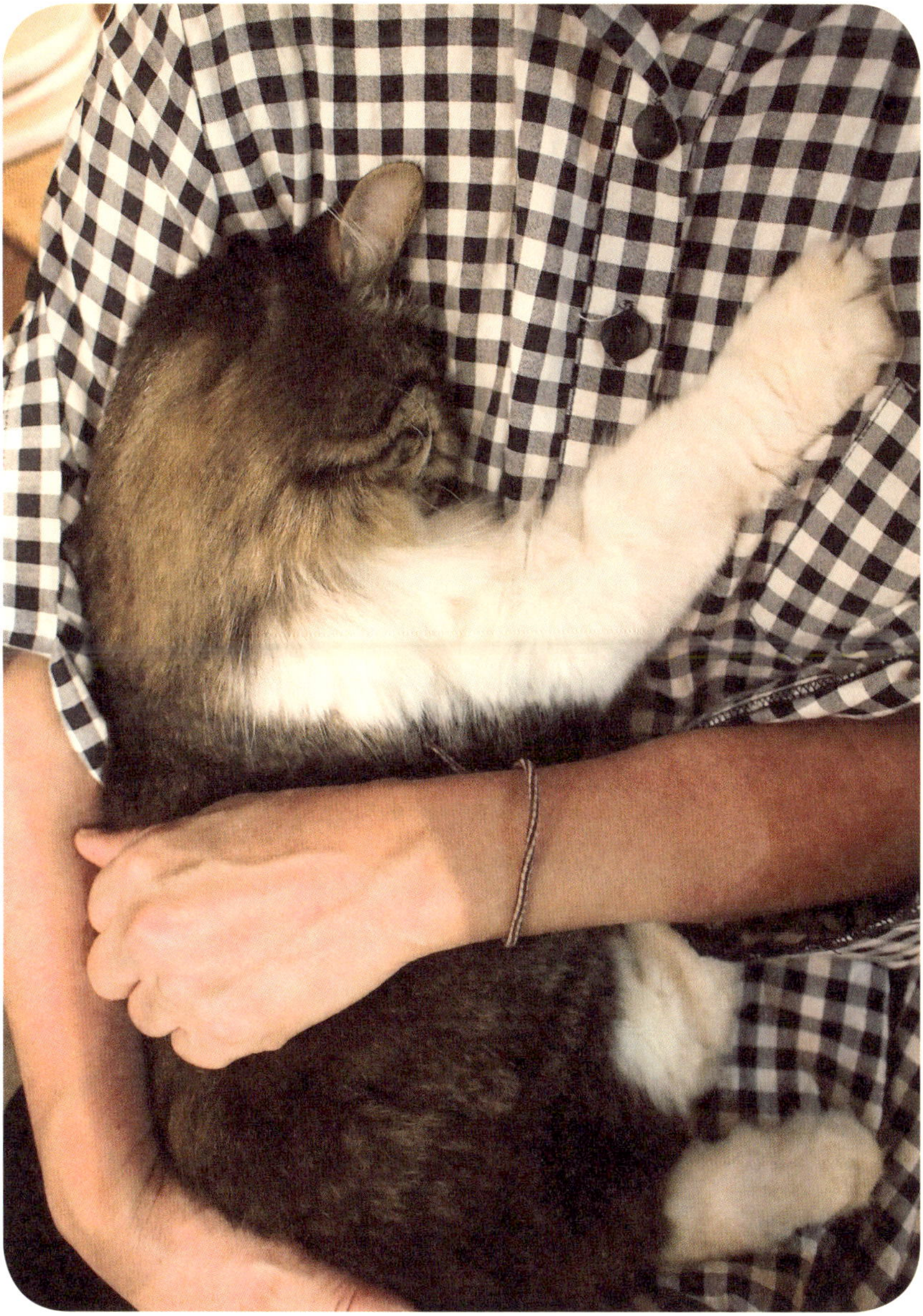

episode

14

狂暴猫まさはる

ふさふさの毛をもつまさはるは、推定3歳。家族みんなに可愛がられています。つぶらな瞳でこちらを見ているさまは、シャイなお坊ちゃまに見えますが……。彼は、シェルターに保護されていたときから「狂暴猫」として名をはせ、里親探しも絶望視されていたオトコでした。

まさはるは、東日本大震災から2年後の5月、福島県内の帰還困難区域のF町で保護されました。まだ1歳くらいの若い猫でしたから、被災猫の二世か三世と思われます。人のいない町で生まれ、想像を絶する思いを重ねて生きのびてきたのでしょう。ボランティアが町に入ったからこそ、繋いだいのちでした。

ところがこのまさはる、品のよい長毛のイケメンなのですが、シェルターの人をさんざん手こずらせる凶暴さで隔離ケージ入り。ちょっと

でも近づこうものなら、シャ〜〜ッと、猛獣のごとき威嚇。パッパパッパッと手を繰り出し、「それ以上近づくな！」とばかり、ダンダンダンッと床を踏み鳴らすのです。人のいない町で生まれ育ったので、人間というものが怖くてたまらないのです。

半年たっても一向に心を開かないまさはるを「うちで引き取って里親を見つけましょう」と申し出たのは、浦安市にある「保護猫ラウンジME」でした。あのままでは里親は見つからない、と思ってのことでしたが、まさはるの目が思いのほか純真だったことに希望を繋いだのでした。「あのまさはるが、保護猫ラウンジへ！」と、彼を知るボランティア一同、大いに驚いたそうです。

まさはるに初めて会ったのはMEにきて、ひと月たった頃。ケージハウスの奥で手負いのけもののように、低くう〜〜〜と唸っていました。この時点で、里親が見つかるのは絶望的に思えたものです。

2か月たっても3か月たってもまさはるはケ

この段ボールには茶殻が
再利用されています
CODE:1825
略称:P蔵出し熟成茶500

ージフリーにできない状態でしたが、ラウンジで遊ぶ他の猫たちを眺める場所にケージは置かれていました。他の猫が転がしてきたおもちゃに、ケージのなかからつい手を出してしまうまさはる。彼も遊びたい盛りだったのです。

　機が熟するまで、まさはるの心が開くのを気長に待っていたスタッフたちを驚かせる事件が起こりました。ある晩、まさはるが手を伸ばして、外付き蝶番を外し、ケージから出ていたのです。夜は猫だけになるラウンジで、まさはるは保護猫たちと一晩中遊びまわったようです。翌朝、ラウンジにまさはるを発見したスタッフは、どうやってケージに戻そうかと悩みましたが、まさはるはさっさと自分からケージに戻りました。

　その日以来、まさはるは少しずつラウンジでフリーな時間を過ごすようになりました。彼は、子猫をペロペロ舐めてやるようなやさしい子でした。でも、まだまだ人間には警戒心あらわで、同じく被災地からの保護猫で人が怖い猫と一緒に、人の手が届かない高いところに隠れることもしょっちゅう。気がつけば、ラウンジの真ん中でくつろぐまさはるの姿が見られるようになったのは、ＭＥにやってきて半年近くたった頃でした。

　そんなまさはるを「わが家に迎えたい」という夫妻がいました。まさはるにとっては、初の里親の名のりです。スタッフは、「この子は、すぐに手が出て、スタッフもまだ触れない子なんです」と説明しましたが、夫妻の気持ちは変わりませんでした。

　じつは、奥さんの清美さんは、ブログ「道ばた猫日記」で紹介したまさはるの写真に一目ぼれしたそうです。狂暴猫と言われているけど、純真な目をしたこの子をうちに迎えてやりたい！　と。

ＭＥに行って、「うちの子になる？」と聞くと、まさはるはまっすぐ清美さんを見つめ返しました。それで、決まり！

「たとえ、触ることができなくても、この子が家にいてくれたらうれしい」という家にもらわれていったまさはる。着いたときから、先住の黒猫ナナちゃんと「みゃあん、みゃあん」「にゃあん、にゃあん」と鳴きあって、いい感じ。すぐに「ナナお姉ちゃーん」と、くっついて回るようになりました。

その後、ＭＥのスタッフは、清美さんが送ってくれる写真つきメールに毎度驚かされっぱなしです。「まさくん遊ぶ」「まさくんくつろぐ」「まさくん明け方の大運動会」「まさくん　ボクも撫でられたい」「まさくん抱っこされる」……。

狂暴猫、今は昔。まさはるは、きっといま、生き抜くことだけに必死だった「子猫時代」を、もう一度やり直しているに違いありません。

episode 15

猫のお見合い

荻窪の商店街のはずれにある、昔ながらの喫茶店「ポロン亭」。行くたびに、ここでは違った子猫に出会います。ムササビのように棚から棚へ飛び回ってる兄妹白猫がいたり、椅子の陰に隠れてる恥ずかしがり屋のサビ猫がいたり、カウンターに陣取っている牛柄ちゃんがいたり……。

みんな里親を探すために、店主の洋子さんが預かっている保護猫たち。ここで人馴れさせて、じっくりお見合いをして、お泊り期間を経て、正式譲渡となるのです。

ここにはいろんな猫好きが集まって、いろんな猫情報が飛び交います。「場所を提供してるだけ」と、店主の洋子さんはさらりと言いますが、年間60〜70件ものお見合い仲人は、ちょっとやそっとの信念ではできないこと。一匹でも多くの保護猫に、終生の家を見つけてやりたいという熱い思いがあってこそ。

ひと昔前までは、猫が自由に出入りしている店でした。その後、店で預かった保護猫「らび」が看板猫となり、同じく保護犬「ブン太」が看板犬となりました。その上に、一時預かりの子猫が年がら年中いるのですから、「元祖猫カフェ」と呼ばれることもあります。でも、猫で客を集めるいわゆる「猫カフェ」ではけっしてなく、言うならば、アットホームな「猫のお見合いの店」。まったくのボランティアなのです。

町に捨てられた子、ビルに置き去りにされた子、マンション暮らしの若夫婦の多頭崩壊から救出された子……さまざまな境遇の子たちが、地域の保護猫活動をしている人たちの手を経て、ここにやってきます。できる限り、店内で自由にさせていますから、「猫がそこにいる」感が心地よく、初めて猫を迎える人も「猫ってこんな行動をするんだ！」と前もって知ることができるわけです。

今日も、ポロン亭に近隣に住む家族が猫とのお見合いにやってきました。お父さん、お母さん、お姉ちゃんの新子《わかこ》ちゃん、妹の希子《かなこ》ちゃんの4人です。新子ちゃんがどうしても猫を飼いたいというので、ポロン亭でのお見合いを設定してもらったのです。

待っていたのは、茶白の男の子と、キジトラの女の子。近隣で保護されたノラ母さんから生まれた、7か月の兄妹です。新子ちゃんの思い描いていた子猫は、茶色の子でしたが、見てしまったら、両方とも可愛くて仕方ありません。お父さんとお母さんに「どっちにするの」と問われても、どうしても「こっちの子」と答えられない新子ちゃんなのでした。

洋子さんは、そんな様子をカウンターのなかから目を細めて見ています。無理押しは一切しませんが、数えきれない猫たちを送り出してきた豊富な体験から、折々に適切なアドバイスをはさみます。

「2匹を試しに連れて帰ってみたら」という洋子さんのアドバイスで、2匹は保護主さんと共に新子ちゃんのおうちに向かいました。お試し期間は2週間です。さて、一家はどんな結論を出すのでしょう。

2週間後。新子ちゃんのお宅をのぞいてみると……。兄妹猫は、ちょっぴり大きくなって、家じゅう飛び回っていました。まるで生まれた時からこの家にいるみたいに。

「2匹を正式に譲り受けました。こんなに仲のいい兄妹を引き離したら可哀そうと、家族の思いが一致して。まあ、2匹連れ帰る時点で、兄妹で飼うことになるんだろうなあ、と思ってはいましたが」

そう言って、お母さんは笑います。猫には興味がなかったというお母さんですが、猫のいるしあわせに早くも目覚めたようです。お父さんは、もうメロメロなのだとか。2匹の名は、その毛色から「ちくわ」と「ひじき」になりました。

「遊ぶときも寝るときもべったり仲良しの2匹なので、一緒に飼ってやってほんとうによかった！　猫が来てから、家のなかがそれはもうにぎやかになりましたけど、お姉ちゃんがこまめに猫たちの面倒を見てくれるんですよ」と、お母さん。

ポロン亭での「猫のお見合い」とは、身上書をもとに、人と猫を結びつけることではないのです。いちばん大切なこと、「出逢ってしまった」

「出逢えてよかった」という愛おしさが、醸成されていくきっかけを作る場所なのです。

コラム②

「フェリシモ猫部の基金活動」とは？

フェリシモ猫部では、1匹でも多くの犬猫がしあわせに暮らせるように「フェリシモわんにゃん支援活動」を行っています。

集まった基金はフェリシモの基金委員会が審査を行い、国内の動物愛護団体に拠出されます。

支援方法は4つ。

①基金付き猫グッズを購入する。

②フェリシモの買い物のついでに、1口100円から支援できる「毎月100円フェリシモわんにゃん基金」を利用する。

③フェリシモのお買い物ポイント「メリーポイント」を支援に充てる。

④Yahoo!ネット募金から募金する。

活動を開始した2003年6月から現在までに、基金額は約1億4731万円となっており（2015年3月末時点）、これらは動物愛護団体を通して「飼い主のいない動物の里親探し」、「保護動物のフード代や医療費」、「災害時の動物保護活動」、「野良猫の過剰繁殖防止（TNR活動）」などに活用されています。

この他、フェリシモ猫部は神戸本社にて保護猫の譲渡会開催も行っています。

かわいい猫グッズの買い物が活動の支援となり、しあわせに暮らせる猫が増える取り組みです。

猫フォトギャラリー「わが町」

episode 16

アケビくん

秋川を見おろす家に住むアケビくんは、7か月のやんちゃ盛りの男の子。毎日、元気いっぱいに家じゅう飛び回って、今日もお母さんのお仕事の素材チェックを欠かさず、ユーカリの葉っぱをクンクン。いい匂い！　お母さんの三起子さんは、野山の草花や木の実を使ったリース作家なのです。

アケビくんと三起子さんとの出会いは、8月の暑い盛りでした。朝早く、草花を育てている畑に行く途中、飲料の自動販売機の前まで来ると、「ニャアッ、ニャアッ」というただごとならぬ鳴き声。「助けて、助けて！」と、三起子さんには聞こえました。

販売機のそばに重ねられた苗を入れる黒いビニールポットのすきまから、子猫が顔をのぞかせているではありませんか。引っ張り出すと、生まれて2週間くらいの、てのひらに乗る小ささ。でも、鼻をつく臭いをその子猫は放っていました。なんということ！　左前足首を釣り糸でぐるぐると何重にもきつく巻かれていたのです。誰かが釣り糸を巻きつけ、ビニールポットに押し込めたとしか考えられません。

すぐさま動物病院へ。足先からはウジ虫が数えきれないくらい出てきて、肩から切断しなければならないかも、という診断でした。

20日間入院している間、子猫の足首から先は、ぽろっとちぎれ落ちてしまいました。

こんなひどい仕打ちをされたのに、人懐こく無邪気な子猫は、退院後は三起子さんのうちの子となり、次女の萌さんから「アケビ」という森の果実の名をつけてもらいました。血の匂いの消えないアケビくんに、三起子さんは毎日添い寝してやり、14歳の先住保護猫ルーシーちゃんがやきもちから仮病を使ったほどです。

包帯を巻いても嫌がって噛みちぎってしまうのが不憫でなりませんでしたが、6か月たって、ようやく包帯がとれました。入院中にポロリと落ちた足先を長女の彩さんはお守りにして、国家試験の時にも持っていきました。森の木の実のように乾いた小さな足先は、アケビくんが小さな体で頑張りぬいた「いのちの証」だからです。

アケビくんは、左前足が着地できない分、後ろ両足がしっかりしていて、ミーアキャットのように立つこともしばしば。お仕事台に飛び乗ってお母さんの仕事の邪魔をするのにも、何の支障もありません。

保育園時代から、「ひとりでは生きていけない子」に出会ったら、手をさしのべずにはいられなかった三起子さん。捨てられていた子、交

CONVERSE

（写真提供・栗城三起子）

通事故に遭った子、いろいろな思いをして生きてきた子とこれまで暮らしてきました。

「でも、猫たちは、ちゃんとお返しをしてくれるんです。猫たちがいることで、私、どんなに元気をもらっていることでしょう」

三起子さんは5年前、脳こうそくで倒れています。意識が戻ってから、彩さんたちにこんな話を聞かされたそうです。「寝ているお母さんのそばで、ルーシーは顔をのぞき込んだり、前足をそっと肩に乗せたり、すごく心配そうだったよ」と。

元気になった今も、悲しいことやつらいことがあって泣きたい気分のとき、ルーシーちゃんは「いろいろあるよね」といった顔をして、そばにいてくれます。

アケビくんだって、お母さんを元気づけているところではルーシーおばさんに負けません。いたずら坊主の天真爛漫さに、三起子さんがどんなに救われていることか。

「猫を拾う、って、子どもを産んで育てるのとおんなじことですよね。猫って、自分たちがどんなに愛されているか、人間の家族が今どんな思いでいるのか、ちゃんとわかるんです」

アケビくんがおじいちゃんになる20年後も元気でいなきゃ、と、笑顔で語る三起子さんです。

episode
17

クリスマスツリーの下で

「マールお姉ちゃん、もうすぐクリスマスだって。やまと君やたまちゃんは何をもらえるかうきうきしてるけど、ぼくたちもプレゼントもらえるかなあ」

「マックスったら。あたしたち、おうちもベッドも家族もおもちゃもいっぺんにもらったじゃない。これ以上ほしいものなんてあるの？」

そんな会話が聞こえてきそう。三毛猫のマール（6か月の女の子）とキジトラのマックス（3か月の男の子）は、クリスマスツリーの下がお気に入り。やんちゃなマックスはこの前、一番キラキラしてるお星さまを取りにツリーの半分まで登って、ツリーを倒してしまったばかりです。

このおうちに来たのは、マックスのほうが先でした。山の下の公園に捨てられ、心細くてお腹が空いてぴぃぴぃ鳴いていたところを、大和・環兄弟とお母さんがお散歩に来て見つけてくれたのです。お母さんは、いずれ猫を飼おうと思っていましたが、子どもたちがもう少し大きくなってからのつもりでした。きっと我が家に来る運命の猫にそのうち出会うという予感があったのです。予定より早すぎたけど、必死でついてくる子猫の可愛さにノックアウトされました。

幼稚園に通う4歳の大和君は、おじいちゃんおばあちゃんの家に遊びにいくと4匹も猫がいて、お昼寝も一緒にできてちょっぴり羨ましかったので、さっそく「この猫、大和の猫にした！」と宣言。電車が大好きなので、上越新幹線からちなんで「マックス」というカッコいい名を子猫につけてやりました。

「片手でお尻を支えてあげて、やさしく抱いてね」というお母さんのいいつけをよく守って、抱っこがとても上手になりました。

まだ2歳のたまちゃんは、自分より小さくてちょろちょろ動き回る子猫が不思議でなりません。仲良くしたいけど、手加減がわからなくて、するりと逃げられてばかり。

マックスがおうちになじんできた頃、お母さんは「お留守番のときにさびしくないよう、遊び相手を迎えてあげよう」と考えていました。すると、ちょうど実家から保護された子猫の里親探し情報が飛び込んできたので、写真も見ないうちにすぐ引き取ることに。

12月の初め、やってきたのは、うす三毛の女の子。農家の広い庭に棲みついたノラ一家の子です。ほかの兄妹たちはみな、生まれて間もなくフクロウに食べられてしまったという厳しい環境で育ったにもかかわらず、どこかおっとりとしています。家猫になりたくてたまらない様子で、いつも玄関から農家の中をのぞいていたそうです。

自分よりちょっと大きいマールがやってきたとき、マックスは毛を逆立てて侵入者に向かっていきました。2匹はさんざん威嚇し合い、取っ組み合いをしたかと思うと、3日目にはもうくっついて寝ていました。

すっかり仲良くなったマックスとマール。遊び盛りなので、待ち伏せて飛びかかったり、追いかけあったり、かじりあったり……。

でも、やっぱりマールのほうがお姉ちゃん。余裕でやんちゃな弟をいなしています。大和君たまちゃん兄弟とおんなじです。

2匹が共に苦手なのは、やま・たま兄弟がケンカを始めて、いつもたまちゃんがサイレンみたいに盛大に泣くこと。たまちゃんサイレンが鳴りだすと、2匹は大急ぎでオーディオ・セットの下に緊急避難します。サイレンはすぐにやむので、ほんのちょっとの辛抱です。

ふたりと2匹。いたずら盛りの4つの小さな命を育てているお母さんは「大変ですけど、と

っても楽しいです」と、にっこり。
公園でひとりぼっちで鳴いていたマックス。兄妹をなくし、家猫になりたくてたまらなかったマール。別々の星の下に生まれた2匹が今、姉弟になって、うち重なり温めあって眠ります。運命って、不思議。
大和君とたまちゃんが少年になり、青年になっていくのを見守りながら、マックスとマールは、これから毎年、ツリーの下でしあわせなクリスマスを迎えることでしょう。
すべての猫たちが、マックスとマールのように、温かな居場所を持てますように！

episode 18

黒猫リリコ

リリコは、真っ黒の小柄な雌猫。ノラ母さん猫が晩年に、ひとり暮らしのおばあさんの家に入り込んで産んだ子です。母猫亡き後も、リリコはおばあさんに可愛がられて暮らしてきました。

リリコは飼い主のおばあさんだけに心を許していました。もともと母さん譲りの超ビビりだったのですが、あるときから極度の人間嫌いになってしまったのです。

とりわけ、毎日のようにこの家にやってくる女の人が大っ嫌いでした。なぜなら、その人はまだ7か月だったリリコをだまして籠に押し込め、車に乗せて獣医さんのところへ無理やり連れていき、避妊手術を受けさせたからです。もうあんな怖い思いはこりごりでした。以来、その人の車の音が聞こえただけでリリコはすっ飛んで逃げ、けっして姿を見せませんでした。だからその人はリリコのことを「幻の猫」と呼んでいました。

リリコとおばあさんは朝陽のよく入る2階の、ふかふかの羽根布団で毎晩一緒に眠りました。朝、目覚めると、おばあさんの頬を舐めて、「さあ、起きて。あたし、お腹がすいた」と、耳元で催促するのです。おばあさんは台所に立ち、自分の朝ご飯より先に、リリコのためにカリカリや猫缶やゆでたササミなどを用意してくれるのでした。

おばあさんは、おしゃれをして出かける日もあれば、机に向かって一日中書き物をする日もありました。リリコは、原稿用紙や便箋の上にどさっと寝そべって邪魔をしました。おばあさんは「リリコ、リリコ、かわいいリリコ」と、歌うように言うのが口癖で、ときにマスカット色、ときにからし色、ときに海の色に見える聡明そうなリリコの瞳がたいそう自慢でした。でも、リリコが誰にも写真を撮らせないので、子猫時代のスナップ写真が一枚あるだけなのでした。「そんなご自慢のリリコちゃんをひと目見たいものです」と、みんなは言うのですが、客の足音が玄関に近づいただけでリリコはさっと消え去ってしまうのです。

夏が過ぎた頃から、あの大っ嫌いな女の人ばかりか、いろんな人がひっきりなしにやってくるようになりました。リリコのトラウマとなっている白衣の人間まで来るので、リリコの神経は逆立ってばかりでした。秋になると階下に電動式パイプベッドが運び込まれ、おばあさんはそこで寝起きするようになりました。高い手すりにぐるりと囲まれ、リリコには飛び乗ることができませんでした。

ご飯は、あの大っ嫌いな女の人がいつもたっぷり用意してくれましたが、みんなが帰った後にこっそり食べる食事は、ちっともおいしくありませんでした。寒い季節となり、2階にはリリコの箱ベッドが置かれ、ホカロンが毎日とりかえられていました。でも、リリコは、よその人の気配が途絶えるほんのつかの間、おばあさんのパイプベッドの下にうずくまって眠りました。

「リリコや、そこにいるの?」

もう起き上がることもなく、眠ってばかりのおばあさんがふと目を覚まして尋ねたときに、にゃあ、と返事ができるように。

ある朝、急に家のなかが慌ただしくなりました。次の日、おばあさんが黒い車で運び出されていくのを、リリコはそっと2階のベランダか

ら見ていました。リリコにはわかりました。もう二度と、この家におばあさんは戻ってこないことが。

人々が去り、家のなかはしんとして、白い花でいっぱいでした。リリコは、2階のベッドの羽根布団の上に丸まりました。

おばあさんと同じに、リリコもいつしか年老いていました。おばあさんとは14年間一緒だったのです。これまで人の出入りが多すぎたために身の置き所がなかった疲れと、ひとりぼっちになった寂しさとが、どっと襲ってきました。もうずいぶんと撫でられることがなかったので、リリコの毛並みはノラ猫のようにパサついていました。

深い眠りに落ち、ふと気づくと、リリコの背中を誰かがそっとそっと撫でながら、歌うようにささやいていました。

「リリコ、リリリコ、かわいいリリコ」

元気だったときのおばあさんの声のトーンとまるで同じでした。撫で方も、匂いも、手の感触も。大っ嫌いなあの人だとリリコは気づきましたが、我知らず、ゴロゴロゴロゴロと、喉が鳴り続けるのでした。

リリコは、私の母の遺した猫。足元で甘える毛並みにも艶が戻り、ふっくらとしてきました。今、私たちは「大の仲良し」なんです。

episode 19

六番目の子

母さんが庭先に出るとき、ボクはいつも「ボクもお外に出る」ってねだるんだ。母さんに抱っこされて外を眺めるのが大好きだし、大好きな母さんといつも一緒にいたいから。

「おいで」

そう言って、母さんがやさしく手をさしのべてくれると、ボクはあの日のことを思い出す。ボクがこのうちにもらわれてきた日のことを。ボクにとってこの家は、やっともうどこにも行かなくていい自分のおうちになった「6番目の家」で、父さん母さんにとってボクは、6番目に迎える保護猫だった。

ボクたちノラ兄妹は、ちびっこのときにシェルターに保護されて、おうちが見つかるのを待っていた。兄妹は次々におうちが見つかってもらわれていくのに、ボクだけ見つからなかったのは、どうやら鼻の周りの模様と、思いきり曲がった中途半端な長さの尻尾のせいらしい。譲渡会では毛色も尻尾もすっきりした器量よしが人気なんだ。

いつまでたっても里親が決まらないボクは遠くの譲渡会にも出ることになって、預かり先を転々として、いろんな仮の名前で呼ばれた。1軒、2軒、3軒、4軒、5軒……。それでも決まらなかった。引っ越しには慣れっこになっちゃって、6軒目に引っ越すときも自分からキャリーケースに入ったんだ。

6軒目のおうちに着いた。

「可愛い子だなあ」——それが、父さんの第一声だった。

「ほんと」——母さんはにこにこして、「おいで、ここがお前のおうちよ」と、両手を差し出した。

「うちにやってきた6番目の子だから、お前の名前は、今日から、リュウだ」と、父さんが言った。父さんはカメラマンだけど書もやってて、「六」の中国語の読みは「リュウ」なんだって。先輩たちは、皆、いろんな思いをした末にここにやってきたワケアリ猫たちで、売れ残りだった新入りをすぐ受け入れてくれた。

あれから、4年。いたいけな子猫だったボクは、いつのまにかお気楽な「どすこい猫」になって、この藤原家のムードメーカーになっている。お客さんが大好きで、ところ構わず、ごろんごろんしちゃうんだ。

お客さんにはなぜか猫好きが多くて、ボクのチャームポイントをこぞって見つけてくれる。

「シックなグレーの色！」

「しあわせを招く、6の字のかぎ尻尾ね」

「なんて綺麗な黄緑の瞳」

「毎日見ても飽きない顔だね」

「足元の墨色の水玉がおしゃれ。子猫の時に墨をいたずらしたのかな」

「体型から想像もつかない可愛いボーイソプラノ」

「顔をうずめたいタプタプのお腹」

「性格よさそう〜」

つまり、総合すると、ボクってすごーく味のある猫ってことだよね？　ボクがほめられると、「え〜、そうかしら」って言いながら、母さんもうれしそう。そうそう、「肉球がテディベア」っていうチャームポイントは、近所の小学生が発見してくれたの。


ボクの毛色は、外側が濃いグレーでお腹が白くすぼまっているから、シャドウ効果ってやつで、写真に撮るとわりと普通の体型に写る。だけど、実際にボクに初めて会った人はたいてい「うわ……」とか何とか言って、笑いだす。

ボクが2階から下りてくると、母さんは「まあ、人が下りてきたかと思ったわ」って言うんだ。他の猫は足音なんてしないのに、ボクの足音は「ドス、ドス、ドスッ」なんだって。今日、父さんは、ボクの体重を量って、「ややっ、リュウのやつ、8・6キロになってるぞ！」って大声をあげてた。


この前来た猫好き客が言うには、ボクみたいなのを「しあわせ太り」っていうんだって。

そう、ボクは、どすこい猫なんかじゃなくて、見る人もしあわせにする「しあわせ太り猫」なの。

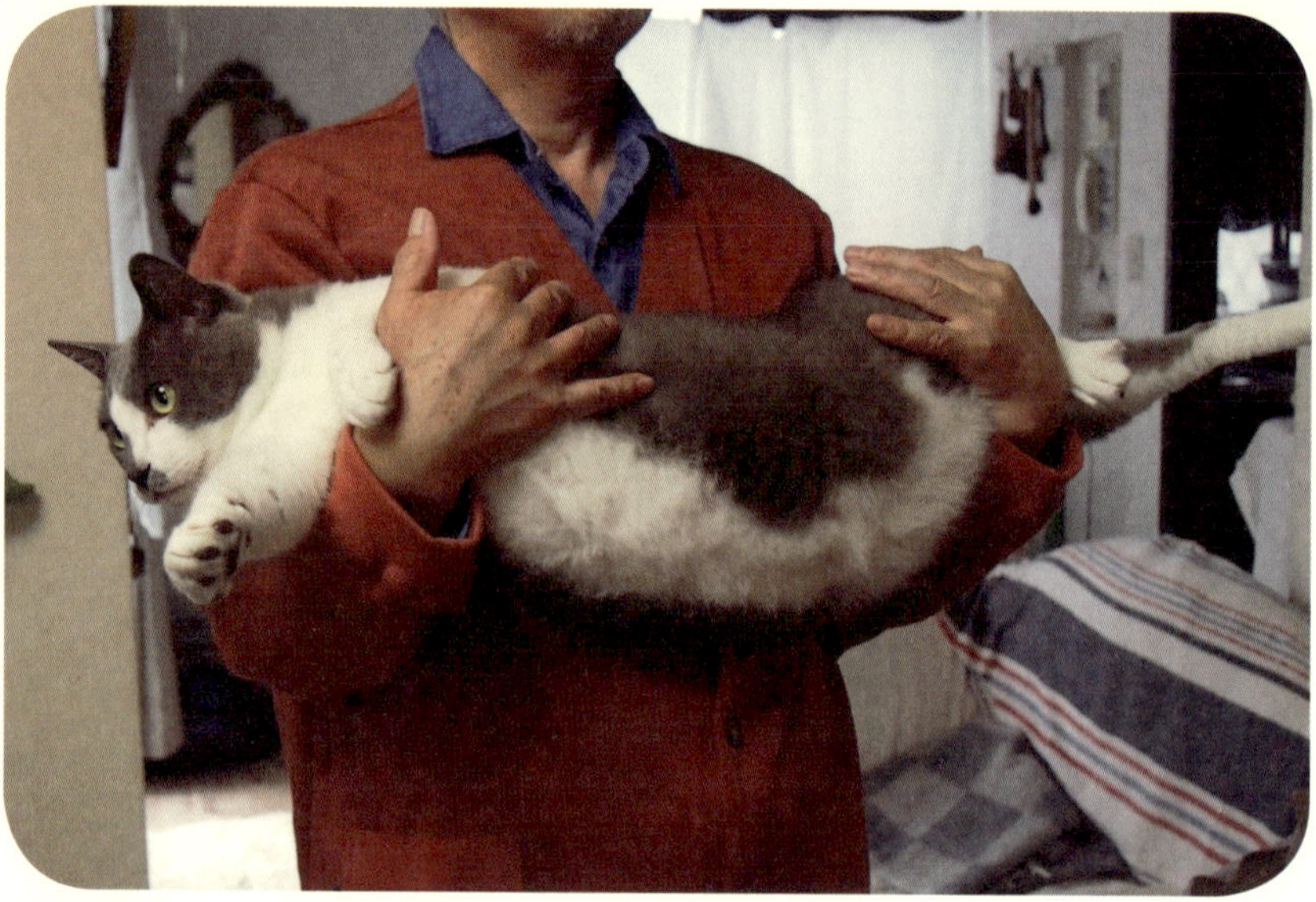

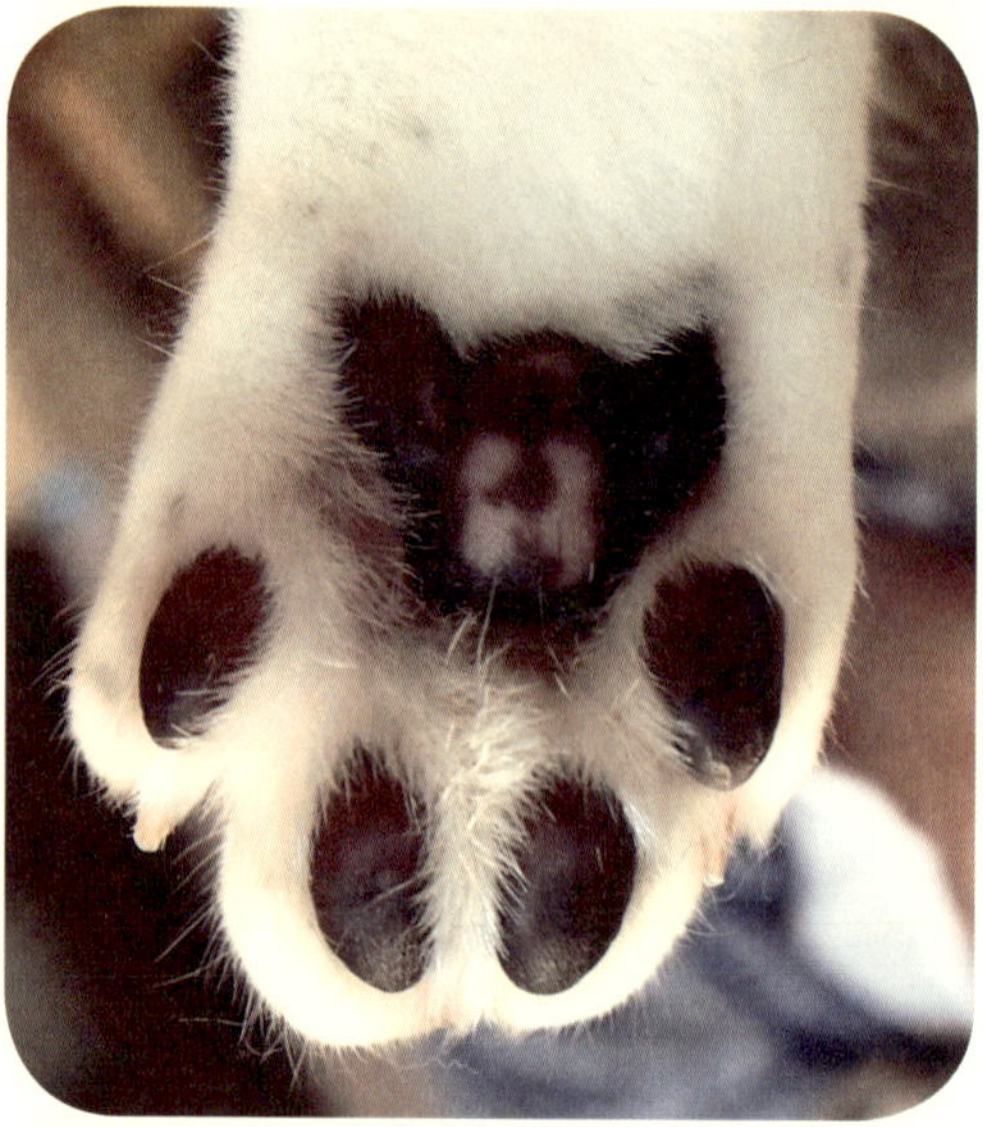

だから、父さんに「アコーデオン！」っておもちゃにされたって、ときどき遊びに来るちびっこのヤマトくんにお昼寝の枕にされたって、そのくらい、喜んで大サービス。だって、エッヘン、なんたって、ここは「ボクのおうち」で、ボクは父さん母さんの「自慢の子」のひとりだもんね！

（写真提供・藤原あずみ）

episode 20

それぞれの出発

いかにもきかん気そうなこのキジトラさんの名前は、トマトちゃん。目がとんがって野性に光っているのは、幼かった頃に川べりの公園に捨てられ、心ない人にいじめられたり、大型犬をけしかけられたりして人間不信になってしまったから。後ろ左足を投げ出して座っているのは、誰かの仕打ちで骨折して手術し、足に金属が入っているからなのです。

足を骨折したとき、トマトちゃんが救いを求めたのは、公園で暮らすホームレスのIさんでした。足もとにうずくまったトマトちゃんに異変を感じたIさんは、公園の餌やりボランティアグループに連絡。病院に運ばれたトマトちゃんは、手術入院となりました。

左後ろ脚が不自由になって公園に戻ってきたトマトちゃんの面倒を引き受けたのはIさん。足の手術のため避妊手術が後回しになったトマトちゃんは、若くして1回出産。娘の三毛猫ミーちゃん・黒猫ナスビちゃんと、公園でIさんの庇護のもとに暮らしました。Iさんの膝の上はトマトちゃんの指定席で、寒い夜も3匹でIさんの寝袋にもぐりこめば、ぬくぬくでした。意地悪な人もいっぱいいたけれど、Iさんのそばにいれば安心でした。

私はよくベンチでIさんと猫話に興じましたが、通り過ぎていく人たちの最初の一瞥で、ホームレスの人たちやノラ猫に対する気持ちが手に取るようにわかったものです。

古本集めの仕事をしながら公園に暮らして6年。Iさんは公園生活を卒業することを決意しました。これまでトマトたちを置いて公園をあとにすることができなかったのです。Iさんの人柄を見込んで支援する人たちの輪があり、建設関係の仕事が決まりました。トマトちゃんたちと一緒に暮らせる住まいが見つかるまで、毎日公園に猫たちに会いに通う日々が始まりました。「絶対に、3匹と暮らせるようにする！」と言っていたIさん。でも、猫3匹と暮らせる手頃なアパートなど、探せど探せど皆無でした。

最初に里親さんの元にもらわれていったのは、トマトちゃん。最後まで「ぼくが必ず迎えに行くから、よそにはやらない」と言い張るIさんを、「トマトちゃんたちは必ずしあわせにするから、Iさんは、今は一生懸命仕事に打ち込んで、新しい人生を固めて」と、餌やりグループの人たちが説得したそうです。

続いてミーちゃんナスビちゃん姉妹にも一緒のおうちが決まりました。

その他のゴミ
OTHERS
CANS &
BOTTLES
文京区

トマトちゃんは大邸宅で可愛がられ、何の不自由も不安もない生活になりました。その話をIさんから聞いて、私はほっとすると共に、ふと、こんなことも思ったのです。トマトちゃんの心の奥深くには、大好きなIさんと一緒に春は公園の桜吹雪を受け、夏は木陰で昼寝し、秋は紅葉に染まり、冬は寝袋で抱き合って寝た、あの「この上もなくしあわせな日々」が、大切にしまわれているに違いない、と。

Iさんは、元気で働き、気立てのいい年上の女性と結婚しました。公園でのIさんがいつもは柔和なのに、猫をいじめる人にはがむしゃらに立ち向かっていく、その男気に惚れ込んだ女性でした。トマトちゃんたちと別れて以来、Iさんは「もうよその子になってしあわせに暮らしているのだから」と、けっして会いに行こうとはしませんでした。でも、Iさんの携帯電話の待ち受け画面は、私が撮ったトマトちゃんの写真なのです。

公園を出て5年になるIさん夫婦と最近、会う機会がありました。週に6日、汗を流して働いていて社長さんの信望も厚いのだと、奥さんがしあわせそうに話してくれました。「トマトちゃんたちは元気にしてるんでしょうね」

そう私が言うと、Iさんは静かに言いました。「トマトはこの前、天国へ旅立った……」と。「ぼくは日頃全く夢なんて見ないんだけども、その夜に限って夢を見て、目が覚めた。トマトが死んだ夢だった」

胸騒ぎがして翌朝、ボランティアさん経由で里親さんに連絡を取ってもらうと、里親さんは『たった今、死んだんです』と驚愕したそうです。飼い主さんが、トマトちゃんの病気のことをIさんに伝えなかったのは、心配をかけまいとしたからでした。

Iさんが夢を見た時間には、トマトちゃんは臨終でした。今の飼い主さんに愛され大切にされ、手を尽くしてもらいました。トマトちゃんは「しあわせな一生をくれてありがとう。今度は父さんがしあわせになる番だよ」と最後の力を振り絞ってお別れを言いにきたのでしょう。

episode 21

ミーコとの約束

ミーコちゃんは、埼玉県の住宅地にある自宅カフェの看板猫。15歳くらいとのことですが、とてもそうは見えないあどけなさです。

このカフェは笑顔のとっても素敵な若い夫妻が、週末だけ自宅で開いています。店長はミーコちゃん、店主は祥子さん、マスターは龍起さん。つまり、家族みんなでやっているお店です。店内でくつろぐミーコちゃんを眺めながら食べる、自家農園で採れた野菜料理のおいしいこと！

ミーコちゃんと夫妻が一緒に暮らし始めたとき、ミーコちゃんはすでに9歳を超えていました。ミーコちゃんが家族の一員となった12月4日が来ると、毎年、夫妻はミーコちゃんとある契約を結びます。それは「お互い5年は元気でいること」。毎年更新ですから、エンドレスに続く契約なのです。

そして、もうひとつ。これは、契約というより、一緒に暮らそうと決めたときからの、ミーコちゃんへの固い約束。

「いつも一緒にいるからね。ミーコは好きなように暮らすといいよ」

なぜ、こんな約束をしたかというと……。それは、ミーコちゃんがいろんな思いをした末に、長崎からはるばるここへやってきた猫だったからです。

ミーコちゃんは、長崎で自由猫をやっていました。子猫のとき、老夫婦の住む家の玄関先に捨てられていたのを、「ワシが面倒を見る！」とおじいちゃんに情けをかけてもらい、半ノラに。いつもご飯をてんこ盛りにもらって、夜だけ家に寝に帰るという、自由気ままな暮らしをしていたのです。

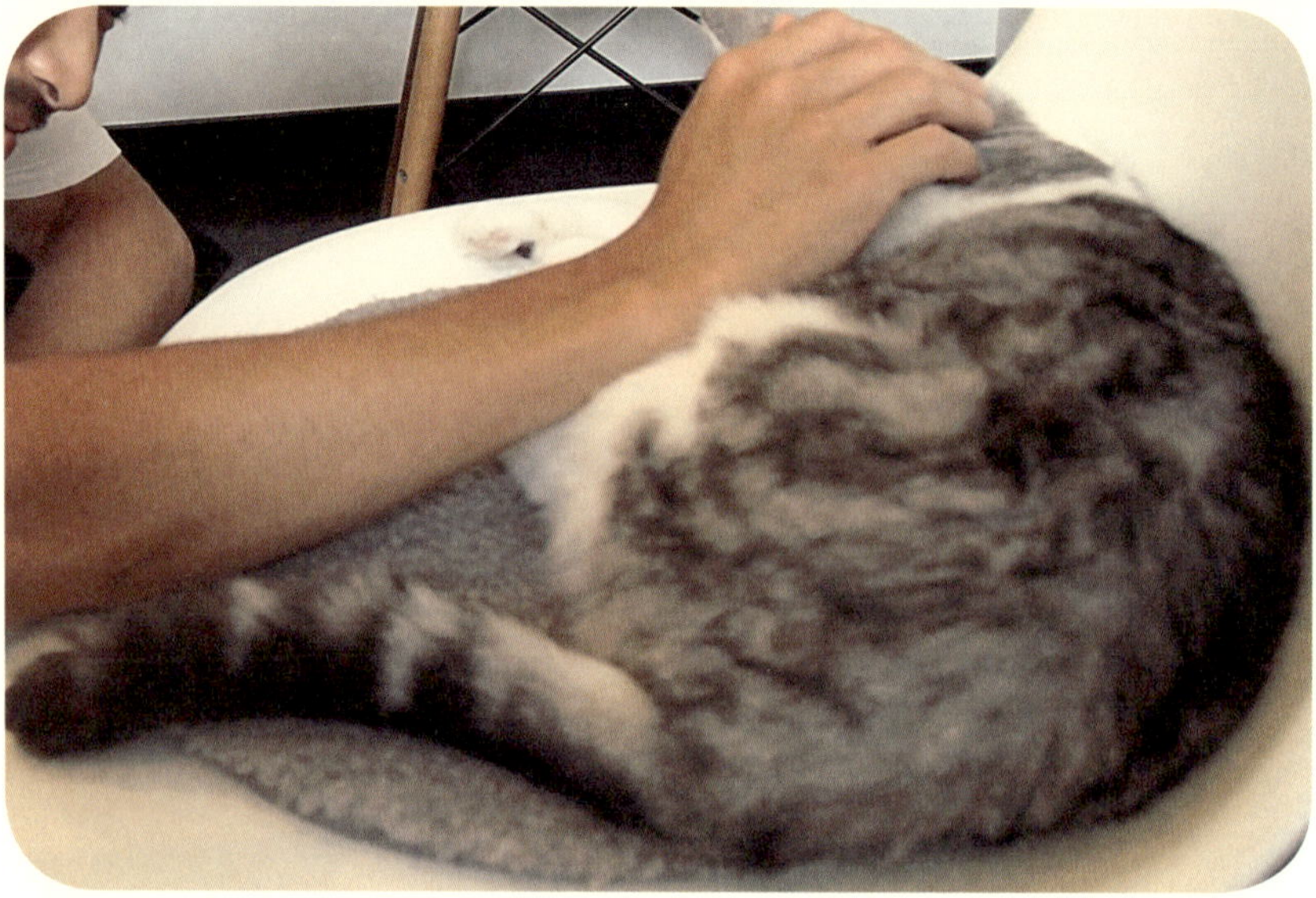

Gari Gari Wall

ところが、可愛がってくれていたおじいちゃんが亡くなり、さびしい思いをしていたところ、今度はおばあちゃんが老人ホームへ。面倒を見てくれる人をなくしたミーコちゃんは、ここでノラ化されても困ると考えた近隣の人によって、保健所へ持ち込まれました。

その日は勤労感謝の日で、保健所の業務は休み。休日窓口の職員さんが「もう一度考え直してください。探せばきっと引き取り手が見つかるはず」と説得したため、いったんは元の場所に戻されました。それでも引き取り手が見つからないため、再び「保健所へ」という話に。ミーコちゃん危機一髪の話を伝え聞いて、すぐさま仕事の休暇を3日取り、羽田空港から長崎へ駆けつけたのが、おじいちゃんおばあちゃんの身内にあたる祥子さん夫妻でした。

ところが、ふたりがどう説得しても、ミーコちゃんは押入れの奥に隠れて出てきません。3日目の朝、龍起さんはじゅんじゅんと説得しました。

「もう僕たちは仕事を休めないから、今日、どうしても戻らなくてはいけない。ミーコはここに残ったらひとりぼっちだし、また保健所に連れていかれることになる。飛行機で一緒に帰ろう」

最終的にはひっかかれても噛みつかれても、力づくの連行やむなし、と、決めていました。説得をじっと聞いていたミーコちゃん、押入れの奥から出てきて、なんと、扉を開けてあったケージに自分から入っていったのです！

「ミーコは、あのとき、いじらしくも自分で覚悟を決めた。でも、ぼくたちのしていることは、ミーコにとっては、住み慣れた土地から見知らぬ土地への拉致軟禁のようなもの。だから、約束したんです。『外には自由に出られない生活になるけど、そのかわり、ぼくたちがずっとそばにいる。家のなかで好きに暮らすといいよ』って」

連れてこられた直後のミーコちゃんの写真を見ると、つらい体験の後だけに、目が三角にとんがっていました。顔面は、外猫同士の抗争で作った傷だらけ。連れてきてもしばらくは心を開かなかったそうです。無理もありません。

「3週間近くたった頃、膝の上にポンと乗ってきたんです。ここでぼくがはしゃぐとビビらせると思って、うれしさを噛み殺しました」と言う龍起さん、じつは、猫アレルギーでぜんぜんそくなのに、ミーコを迎え入れたのでした。「猫と暮らすのは初めてだけど、本当に何から何までカワイイ！　いつの間にかアレルギーもぜんそくも飛んでっちゃいました（笑）」

5年前の約束を守り、それぞれの出張も時期をずらして、ミーコちゃんをひとりぼっちにはしないふたり。でも、相思相愛の龍起さんが出張のときは、いかにもの拗ね顔になってしまうミーコちゃんです。カフェを始めたのも、「週末の自宅カフェならミーコと一緒にいられるし、お客さんにはミーコに会いに来てくつろいでもらえて一石二鳥」と、ひらめいたからでした。

土壇場で人間を信じ、自ら運命を選んだミーコちゃん。一匹の猫との約束を誠実に守っているふたり。真心って、人と猫との間にもちゃんと通じ合うのです。

episode 22

林さんちの困ったちゃんたち

林さんのおうちには、4匹の猫がいます。まりや、ルナ、カムイ、ルカ。そのうち3匹が、世間的に言う「困ったちゃん」。

猫を拾ってしまう家では、お利口で器量よしはもらい手が見つかり、困ったちゃんや残念ちゃんが、えてして手元に残るもの。でも、そんな猫こそ、愛しさも個性も格別なのです。

林さんちの困ったちゃんその❶は、ルナちゃん。15歳ですが、2・3キロという子猫並みの軽量小型猫。林家にきたのは、動物病院の「5匹の子猫の里親募集」の張り紙がきっかけでした。

林さんちの奥さんのルイさんが黒猫の女の子をもらいにいくと、「女の子は、この子とこの子」と、黒猫とキジトラが連れてこられました。黒猫のほうは、つやつやの毛並みで人懐こくて元気いっぱいで、申し分のない愛らしさ。キジトラのほうはというと、すごく小さくてみすぼらしくて、おまけに愛想ゼロでした。「この子はもらい手がないだろうなあ」と、いじらしくなったルイさんは「キジトラをもらいます」と口走っていました。

弱々しく食も細かったルナは、お姫様のように大事に育てられていましたが……。ある晩、帰宅した旦那さまは、食卓の上のルナを見つけ、思わず叱ってしまったのです。「こらあ、だめでしょ。テーブルに乗っちゃあ」。

そのとたん、ルナは「信じらんない！　パパがアタシのこと、怒ったあ！」とばかり、ジャーッとおもらししてしまいました。

その夜、お酒を飲んで寝入った旦那さまは、布団の上にこんもりウンチとおしっこの仕返しを受けたのでした。以来、ルナは、気に入らないことがあると（新しい猫が来たとか、カリカリが気に入らないとか）、玄関のパパの靴におしっこをするようになりました。

パパは戦々恐々ですが、ルイさんには愛情過敏なルナの自己主張が、けなげでいじらしくてたまりません。へその緒のついた兄妹たちと共に、口を縛った紙袋で「燃えるゴミ」として出され、母猫の温もりをただただ求めていた子猫のときのままに思えるのです。

困ったちゃんその❷は、漆黒のハンサムボーイ、カムイです。今日もカムイは、「食べた食べた〜。でも、もっと食べたいな」と舌なめずり。1歳の育ちざかりとはいえ、あればあるだけ食べるので、他の猫に置き餌ができません。いつもドタバタして餌皿やお水をひっくり返したり、廊下で粗相をしたり。

カムイは傷ついたノラ母さんから生まれた子

です。栄養失調状態で保護され、入退院を繰り返してやっと元気になり、あるご夫婦に気に入られ、もらわれていきました。

しあわせに暮らしていると思っていたある日、電話が。「もらった子猫に手を焼いている。ドタバタと物は落とす。ひっかいたり噛みついたりする。口から泡を吹いたので、てんかんの薬も飲まさなくてはならない。捨てるわけにもいかないし」というものでした。

最後の言葉を聞いて、ルイさんはすぐにカムイを引き取りました。戻ってきたカムイの頭を撫でようとすると、ビクッと目をつぶりました。しつけで、ぶたれていたようです。ひっかいたり噛んだりするのは愛情表現の延長に思えました。ふだんは扱いやすい、いい子なのです。

ただ、どこか目の焦点が合ってない感じと、ドタバタした末に廊下でおしっこをしてしまうのが気になり、精密検査をしてもらうことに。検査の結果は、体はいたって健康でしたが、「脳の奇形では」という診断が出ました。いわゆる知能の遅れです。脳の奇形に起因する軽いてんかん発作がおきたとき、その場でおもらしをしてしまうようでした。食べても食べてもきりがないのは、食欲を抑える脳機能の欠損のためだったのです。

カムイの困ったちゃんには、カムイ自身がいちばん困っていたのでした。今後は発作時だけの投薬で、食事の管理と発作に注意しながら様子を見ていくことになりました。

発作の前、カムイは落ち着きがなくなり、気が立ってきます。発作の後は自分でもわけが分からず、どうしていいかわからない目になります。ルイさんは、そんなカムイをぎゅっと抱きしめ「大丈夫だよ、カムイ〜、可愛いカムイ〜」と、子守唄のように言い聞かせます。そしてカムイは、ルイさんの腕のなかで安心しきって眠ります。「この猫を飼う」と決めて迎えることは、そのうちに子どもが生まれたと同じこと。その子のすべてをまるごと愛して守り抜くこと。カムイは、「戻された猫」ではなく、我が家に「戻ってきた猫」なのです。

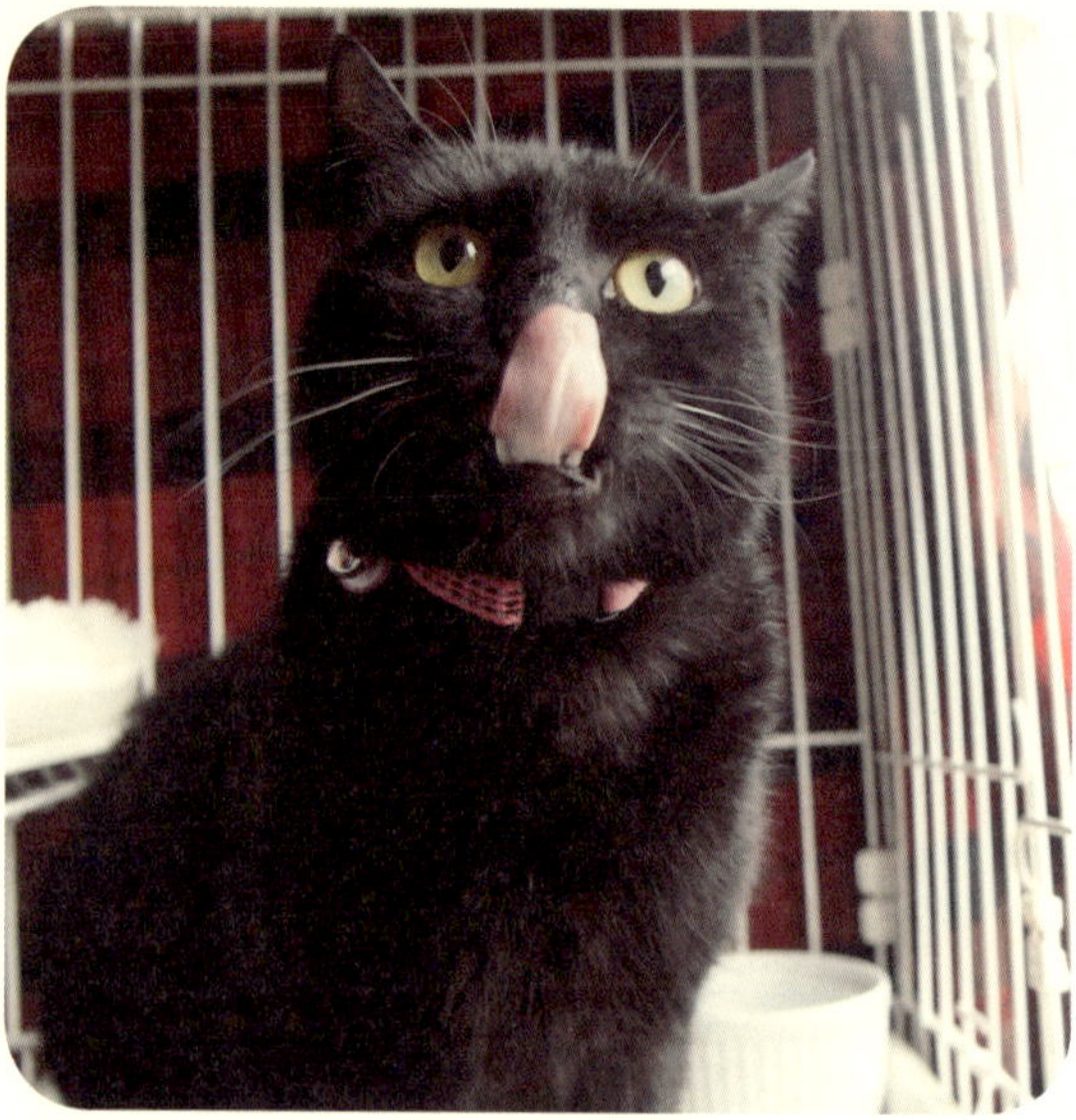

林さんちの困ったちゃんその❸は、トホホなおっさん顔のルカ。来客があると、コソコソっと隠れるしぐさも、猫の優美さとは程遠いものです。「でも、ルカは自分はこの世でいちばん可愛くて、いちばん愛されてる猫だと思ってるみたい」と、ルイさん。ルカはとってもやきもち焼き。他の猫をかまっていると、必ず間に割り込みます。他の猫の名を呼ぼうものなら、その猫より先にすっ飛んできます。夫婦でテレビを見ていると自分に注目してほしくて、テレビの真ん前にデンと座ります。邪魔なことこの上ないので、「ルカ、おいで」と言うと、そうこなくっちゃ、とばかり肩に飛び乗ってきます。そして、前足でひとの頭をくしゃくしゃにして、ゴロゴ

公園に捨てられていた子猫のルカは、なかなかつかまらずヘロヘロ状態になってやっと保護

ロゴロと顔をすり寄せる、甘ったれおっさんなのです。

され、即入院。口のなかは真っ赤に腫れ上がっていて「悪性リンパ腫で手の施しようがありません。おうちで看取りますか?」と言われ、骨と皮のルカを連れ帰りました。

「ひとりぽっちで死なせはしないよ。せめて生きてる日々は、お母ちゃんと一緒に過ごそうね」と、カンガルーみたいにエプロンのポケットに入れて家事をしたり、肩に乗せていいこいいこしながら、子守唄を聞かせた日々。

人から、「鶏ガラスープがいい」と聞いて、毎日何遍にもわけて少しずつ、スポイトで口に流し込みました。点滴通院も続けました。心のどこかで奇跡が起こるのを信じて。

そして……8年が過ぎた頃、あごの周りにぐりぐりっとあった腫瘍のかたまりが、なんと、目立たなくなっていたのです。流動食を食べられるようになると体重も増え、13年たった今では、6キロに。

え? 頑張ったルカの、どこが困ったちゃんなのか、って? 口のなかの炎症が治まって気分爽快のルカは、噛めるのがうれしくてうれしくて、恩人の鼻といい頬といいあごといい、ガジガジ噛みまくる毎日なのです。

旦那さまは毎日のように、ルカに話しかけます。「ルカはお母ちゃんが悲しむから、頑張って生きてきたんだよね~ お母ちゃんより長生きするんだよね~」

この言葉を、ルイさんは、幼少時のポリオワクチン接種の後遺症で、体の麻痺が少しずつ進んでいく妻への夫からのエールでもあると、感じています。そして、自分とルカは、愛する者のために、病気に負けないで1日1日のしあわせを大切に生きていく「同志」であるとも。

光のなか（あとがきにかえて）

お日さまのあたる場所でくつろぐ外猫たちや、人の温もりに寄り添って町の灯の下に佇む町猫たちに出会うと、あったかーい気持ちになります。

私が道ばたで出会った猫の写真を撮り始めて9年。フェリシモ猫部での「道ばた猫日記」の連載は4年となりました。ただただ猫が好きで、出会った記念に写真を撮らせてもらい、周りの人々が聞かせてくださった猫物語が毎週火曜日の猫日記になっていきました。

この4年で、なじみの猫を何匹も見送り、また、親しい人も何人か見送って……ふと気づいたのです。この頃、光のなかにいる猫の写真がなぜか多くなっていることに。なぜ、私は猫の写真を撮り続けているのだろう、と思ったとき、「猫たちは私だったんだ」とも、気づきました。いのちあるものはみな、光のなかに生きて、光のなかに帰っていく。無宗教の私ですが、そんな思いに辿り着いています。

光のなかにいる猫たちは、ほんとうにしあわせそう。お日さまさえあれば、もう何にも要らないよ！　と言わんばかりの表情です。ああ、生きてるね。みんな一緒のいのちだね。余計なものはもう要らないね。そんな気持ちになります。

海辺の村の廃船のへりで、潮風で毛並みの薄汚れた母さん猫の毛づくろいを、大きくなった息子がしてあげています。陽光がまぶしく、母子の睦まじさがまぶしい冬の午後でした。

ネコ助は幼いとき、ビニール袋で木の枝に吊るされ、カラスに狙われていた猫です。今や、逞しき牧場猫。高い木にも一気に駆けのぼります。お日さまに少しでも近づこうとしているかのように。

漁村の石段の下で、とろとろと日向ぼっこをしていたキジトラ・ファミリー。「今日はあったかいね～」と声をかけたら、4匹いっせいにフニャっとした顔を向けました。

おやおや、陽気のせいで、よそ者にも無防備そのものです。しばし一緒に春を味わう一期一会の私たち。

ヤキトリ屋台の提灯に灯が点くと、路地の猫たちが集まってきます。夜風が冷たくなってきたけれど、もう少し猫たちと一緒にこの町で過ごしていたい。こんな夢のような場所が今もひっそりあることが嬉しくて。

佳代子さんちのムーちゃんは、全身泥水をかぶって衰弱していた子猫でした。視力はなくとも、佳代子さんに愛される日々は、光あふれる日々。ことさらの不自由もなく、せっせといたずらに精を

出しています。

珈琲豆焙煎店「yagi-coya」の看板猫チャイくんは、暑さの真っ盛り、産廃処分場で生きるのに必死だったノラ母さんから育児放棄されて、死の淵にあった子です。ピカピカうるうるのいじらしい瞳の持ち主。溢れる光のなかに今しも一歩を踏み出そうとしている「小さないのち」に、この本の表紙となってもらいました。

検診を終え、お母さんに抱っこされて外に出た三四郎くんの瞳に、青い空。木から落下して脊椎を損傷し、半身不随となった彼は、ノラのままではとうてい生きていけなかったでしょう。救われてしあわせになった三四郎。でも、お母さんは言います。「三四郎が私たちにたくさんのしあわせをくれたのです」と。

しあわせになった猫と、しあわせをくれた猫。それは、表裏一体そのもの。猫たちのしあわせと私たちのしあわせとは別物のはずがありません。

生まれてきたからには、どの子もどの子も、光のなかで、周りから慈しまれて暮らせますように。そして、「出逢えて本当によかった」と言える、人と猫のしあわせな物語を紡ぐことができますように。

佐竹茉莉子

- 本文中に掲載のデータは取材当時のものです。
- 本書は書き下ろしと、フェリシモ猫部のブログ「道ばた猫日記」の記事に未公開写真などを加えて再構成したものです。

デザイン	望月昭秀（NILSON） 境田真奈美（NILSON）
編集	山口京美
制作協力	株式会社フェリシモ

佐竹茉莉子［さたけ・まりこ］

フリーランスのライター・写真家。路地や漁村、取材先の町々で出会った猫たちのしたたかけなげな物語を写真と文で伝えるべく、小さな写真展を各地で展開中。飼い猫5匹、馴染みの猫は数知れず。フェリシモ猫部にてブログ「道ばた猫日記」を連載中。

フェリシモ猫部
http://www.nekobu.com

フェリシモ猫部「道ばた猫日記」22のストーリー

しあわせになった猫 しあわせをくれた猫

2015年4月27日　初版第1刷発行

著者	佐竹茉莉子
編集人	廣瀬祐志
発行人	廣瀬和二
発行所	辰巳出版株式会社 〒160-0022 東京都新宿区新宿2丁目15番14号 辰巳ビル TEL 03-5360-8961（編集部） TEL 03-5360-8064（販売部） URL http://www.TG-NET.co.jp/
印刷・製本	凸版印刷株式会社

本書の内容に関するお問い合わせは、
お手紙、FAX（03-5360-8047）、メール（info@TG-NET.co.jp）にて承ります。
恐れ入りますが、お電話でのお問い合わせはご遠慮下さい。

定価はカバーに表示してあります。

万一にも落丁、乱丁のある場合は、送料小社負担にてお取り替え致します。
小社販売部までご連絡下さい。

ISBN978-4-7778-1479-4 C0095